KATHARINA SCHLEGL-KOFLER

SO EINFACH GEHT **HUNDE ERZIEHUNG**

KATHARINA SCHLEGL-KOFLER

SO EINFACH GEHT HUNDE ERZIEHUNG

FOTOS: ANGELA KRAFT
ILLUSTRATIONEN: KATHARINA RÜCKER-WEININGER

INHALT

DIE GU-QUALITÄTS-GARANTIE

Wir möchten Ihnen mit den Informationen und Anregungen in diesem Buch das Leben erleichtern und Sie inspirieren, Neues auszuprobieren. Bei jedem unserer Produkte achten wir auf Aktualität und stellen höchste Ansprüche an Inhalt, Optik und Ausstattung. Alle Informationen werden von unseren Autoren und unserer Fachredaktion sorgfältig ausgewählt und mehrfach geprüft. Deshalb bieten wir Ihnen eine 100 %ige Qualitätsgarantie.

Darauf können Sie sich verlassen:
Wir legen Wert auf artgerechte Tierhaltung und stellen das Wohl des Tieres an erste Stelle. Wir garantieren, dass:

- alle Anleitungen und Tipps von Experten in der Praxis geprüft und
- durch klar verständliche Texte und Illustrationen einfach umsetzbar sind.

Wir möchten für Sie immer besser werden:
Sollten wir mit diesem Buch Ihre Erwartungen nicht erfüllen, lassen Sie es uns bitte wissen! Wir tauschen Ihr Buch jederzeit gegen ein gleichwertiges zum gleichen oder ähnlichen Thema um. Nehmen Sie einfach Kontakt zu unserem Leserservice auf. Die Kontaktdaten unseres Leserservice finden Sie am Ende dieses Buches.

GRÄFE UND UNZER VERLAG
Der erste Ratgeberverlag – seit 1722.

1.

DAS RÜSTZEUG

ERZIEHUNG UND AUSBILDUNG

KAMERAD HUND

Wie schön – ein Vierbeiner bereichert Ihre Familie mit seiner Lebensfreude und Fröhlichkeit. Sicherlich möchten Sie, dass er Sie, wo immer möglich, im Alltag begleitet: Etwa bei entspannten Spaziergängen in der Natur die Seele baumeln lassen, erholsame Familienausflüge genießen, im Urlaub Spaß mit dem Hund haben und vieles mehr – die Bandbreite an Highlights im Zusammenleben mit dem Vierbeiner ist groß. Und muss er mal zu Hause bleiben, dann sollte auch das kein Problem sein, weder für ihn noch für seine Menschen.

ROWDYTUM

Doch die Entspannung kann sich schnell in Stress verwandeln, wenn der Hund beim Spaziergang stiften geht, Passanten und Besucher anspringt, seinen Menschen an der Leine ständig hinter sich herzerrt und zu Hause oder im Hotel die Nachbarschaft zusammenbellt, wenn er mal allein bleiben muss. Nicht selten wird dann aus dem vierbeinigen Familienmitglied, das im Übrigen gar nichts dafür kann, eine regelrechte Belastung. Um solche Dinge zu vermeiden und den Hund in unseren Alltag zu integrieren, ist ein Mindestmaß an Erziehung und Ausbildung, am besten von Anfang an, der richtige Weg.

REICHT EIN WENIG ERZIEHUNG AUS?

Mindestmaß heißt jedoch nicht, den Vierbeiner »ein bisschen« erziehen und ausbilden in dem Sinn, dass etwas »so lala« klappt. Denn wenn der Hund nur dann mit Ihnen zusammenarbeitet, wenn keine Ablenkung in der Nähe ist oder nur, wenn Sie mit ihm zu Hause sind, bringt das sehr wenig für einen gemeinsamen stressfreien Alltag. Das Mindestmaß der Erziehung ist viel mehr das schnörkellose Pflichtprogramm, das ein alltagstauglicher Begleit- und Familienhund unbedingt beherrschen sollte. Damit ersparen Sie sich wie auch Ihrem Vierbeiner diverse unschöne Erfahrungen und stressige Begegnungen.

GRUNDWISSEN

»Ja schon«, denken Sie, aber Sie haben nicht die Zeit oder den Antrieb, sich tiefer mit der Materie und womöglich mit wissenschaftlichen Hintergründen zu beschäftigen? Dann sind Sie hier richtig. Dieses Buch bringt das Wesentliche auf den Punkt. Weniger geht allerdings nicht, denn ein bestimmtes Grundwissen ist nötig, um zu verstehen, wie der Hund »tickt«. Dazu gehören beispielsweise diese Aspekte: Wie wirkt Ihre Stimme, wie Ihre Körperspache auf den Hund? Welche Verhaltensweisen und Reaktionen von Ihnen kommen wie bei ihm an? Wo versteht er etwas völlig anders, als wir es sehen? Was teilt er Ihnen mit seiner Körpersprache mit? Wenn Ihnen diese Dinge bewusst sind, dann gelingen Erziehung und Ausbildung, und nur dann versteht der Hund auch, was Sie von ihm wollen. Das ist wichtig, denn wer ohne diese Basis an Wissen dem Vierbeiner etwas beibringen möchte, wird ihm häufig nicht gerecht und überfordert oder verunsichert ihn. Das geht dann zulasten der Beziehung des Hundes zu seinem Zweibeiner. Das möchten Sie sicher nicht. Haben Sie diese Basics jedoch erst mal verinnerlicht, werden Sie sehr schnell merken, wie leicht Sie und Ihr Hund sich tun und wie rasch sich deutliche Erfolge zeigen.

TRAININGSZEIT

Die Zeit für das Training mit Ihrem Hund müssen Sie sich natürlich nehmen, denn nur Übung macht bekanntlich den Meister. Doch auch das gemeinsame Üben ist ein wesentlicher »Spaßfaktor« im Zusammenleben mit dem Vierbeiner – für beide Seiten. Denn die meisten Hunde lieben es, gefordert zu werden und etwas lernen zu dürfen.

Kurze Trainings-Einheiten zu Hause oder einen Teil des Spaziergangs für das Üben zu verwenden, reicht völlig aus. Sehr viel mehr zusätzliche Zeit ist gar nicht nötig. Schlechtes Wetter? Auch kein Problem, dann ist heute eben Indoortraining, zum Beispiel im Wohnzimmer oder im Flur, angesagt!

DEN HUND KENNENLERNEN

Je besser Sie Ihren Vierbeiner kennen und je besser Zwei- und Vierbeiner zusammenpassen, umso leichter funktionieren Erziehung und Ausbildung. Können Sie das Wesen Ihres Hundes gut einschätzen, lassen sich Probleme leichter vermeiden. Der Hund ist ein besonderes Heimtier, denn als einziges betrachtet er den Menschen als eine Art Artgenossen und lebt eng mit ihm zusammen.

UNTERSCHIEDLICHE EIGENSCHAFTEN

Hunderassen unterscheiden sich in der Optik, aber ganz besonders in ihren angeborenen Eigenschaften. Je nachdem, wofür eine Rasse gezüchtet wurde, gibt es Hunde, die zum Beispiel gern mit dem Menschen zusammenarbeiten, eher ihren eigenen Willen haben, weniger oder mehr Jagdpassion haben, gern beschützen und verteidigen, mit Spazierrunden um den Block zufrieden sind oder eine rassegerechte Beschäftigung brauchen. Natürlich gibt es diese Eigenschaften teilweise auch in Kombinationen, wie beispielsweise starke Jagdpassion und wenig Sinn für Zusammenarbeit mit dem Menschen (etwa Windhunde oder Meutejagdhunde wie der Beagle), ausgeprägter Wachinstinkt mit ausgeprägter Selbstständigkeit (zum Beispiel Herdenschutzhunde). Bei Mischlingen lassen sich Eigenschaften nur schwer voraussagen. Aber wenn Sie den Vierbeiner gut beobachten, werden Sie sein »Erbe« mit der Zeit erkennen.

UNTERSCHIEDLICHE CHARAKTERE

Daneben gibt es aber auch unterschiedliche individuelle Grundveranlagungen, was das Wesen betrifft. Auch unabhängig von der Rasse und innerhalb eines Wurfes. So gibt es etwa Sensibelchen und solche Vierbeiner, die nichts erschüttert. Nervöse und ausgeglichene Gemüter. Temperamentvolle und ruhigere Hunde. »Ernste« Vertreter und solche, die kindlich bleiben. Solche, die gern »kuscheln«, und andere, die es nicht so eng mögen.

DAS WESEN EINES HUNDES ERKENNEN

Achten Sie also bei der Anschaffung darauf, welcher Hund seiner Art nach zu Ihnen passt. Dazu kommen noch seine Erfahrungen mit Menschen und der Umwelt. All das macht dann sein gesamtes Wesen aus. Lernen kann der Hund sein Leben lang. In den ersten vier bis fünf Lebensmonaten verankern sich jedoch besonders nachhaltig gute wie schlechte Erfahrungen in seinem Gehirn. Das bedeutet, dass eine gute Kinderstube mit Aufzucht in der Familie und abwechslungsreicher Umgebung, die zum Entdecken einlädt, ein besserer Start ins Familienhundeleben ist als eine isolierte Aufzucht im Stall. Kennen Sie Ihren Vierbeiner gut, können Sie genauer einschätzen, wie viel Durchhaltevermögen Sie bei der Erziehung brauchen werden, wann Sie ihn besser anleinen oder welche Beschäftigungen für ihn geeignet sind. Aber auch, wo in der Erziehung und Ausbildung Sie in kleinen Schritten vorgehen müssen und was dem Vierbeiner eher leichtfällt.

NICHT VERMENSCHLICHEN

Wer seinen Hund vermenschlicht, erwartet unbewusst Gedanken und Fähigkeiten von ihm, die ihn überfordern, verunsichern und die letztlich Missverständnisse zwischen Vier- und Zweibeinern zur Folge haben. Diese Dinge wiederum machen jedoch Erziehung und Ausbildung schwieriger. Tun Sie ihm und sich also etwas Gutes, indem Sie ihn Hund sein lassen.

INFO

FÜHRUNG ÜBERNEHMEN

SANFT, ABER BESTIMMT

»Führung« heißt nicht Unterdrückung oder körperlicher Zwang. »Führung« durch den Teamchef Mensch bedeutet eine souveräne Ausstrahlung, die Sicherheit und Zuverlässigkeit vermittelt. Das entspricht der Art des Hundes als Rudeltier, das sich gern auf ein erfahrenes Leittier verlassen möchte.

AUF EINEN BLICK

DIE BEDÜRFNISSE DES HUNDES

Scheinbar führt der Hund das gleiche Leben wie wir. Und doch hat er ganz eigene Bedürfnisse. Wenn sie berücksichtigt werden, fällt ihm die Anpassung an das Zusammenleben mit seinen Zweibeinern leicht.

Einen Teil des Spaziergangs machen die Erkundung der Umgebung und das »Lesen« der Nachrichten aus.

GRUNDBEDÜRFNISSE

Sie müssen erfüllt sein, damit sich der Hund körperlich wohlfühlt. Das sind:

- Versorgung mit Futter und Wasser.
- Ausreichend Möglichkeiten, sich zu lösen – mindestens viermal täglich, Welpen wesentlich öfter.
- Pflege und medizinische Versorgung.
- Körperliche Unversehrtheit, also keine Schmerzen oder sonstige Beeinträchtigungen.

AKTIVITÄT UND ERHOLUNG

Das Gleichgewicht zwischen Aktivität und Erholung sorgt für Ausgeglichenheit beim Hund. Dazu gehören:

- Seinem Typ gemäß außreichend Bewegung – mindestens einmal täglich ist Auspowern angesagt.
- »Gehirnjogging« seiner Veranlagung entsprechend, wie Suchaufgaben, Apportiertraining, Geschicklichkeitsübungen, jedoch keine »Daueranimation«.
- Ausreichend »Freizeit« beim Spaziergang zum Schnüffeln und Erkunden der Umgebung.
- Genügend Ruhephasen und ein entsprechender Rückzugsort (Hundebett oder Box in einer ruhigen

Körperkontakt tut Zwei- und Vierbeiner gut.

Ecke). Hunde schlafen sehr viel. Manchen Vierbeinern fällt das Abschalten jedoch schwer, und sie müssen zur Ruhe »gezwungen« werden (→ Seite 19).

STABILITÄT

Eine Stabilität in seinem »Rudel« vermittelt dem Hund Sicherheit und Geborgenheit. Das bedeutet:

- Feste Regeln.
- Zuwendung – weder zu viel noch zu wenig.
- Familienanschluss.
- Körperkontakt, etwa Streicheln oder Kuscheln, jedoch ohne Dauerbeschmusen oder Kuschelzwang.
- Nicht länger als vier bis fünf Stunden allein lassen.

SOUVERÄNITÄT

Eine souveräne Bezugsperson gibt dem Vierbeiner Sicherheit und Orientierung. Er braucht Sie als »Teamchef«, der ihn lenkt und leitet. Das heißt für Sie:

- Sie sind beständig, berechenbar und nicht launisch.
- Sie sind »cool« und signalisieren ihm so, dass Sie alles im Griff haben und er sich auf Sie verlassen kann.
- Sie sind konsequent, ohne »böse« zu werden.
- Im Umgang mit Ihrem Hund verhalten Sie sich sicher und unaufgeregt.
- Sie fordern und fördern ihn.

IM UMGANG MIT DEM VIERBEINER VERMEIDEN

Neben den Bedürfnissen des Hundes gibt es aber auch einiges, das Sie im Umgang mit ihm vermeiden sollten:

- Kinderfreundlichkeit ist keine Frage der Rasse, sondern eine Sache der individuellen Erfahrungen und Veranlagung und hängt vor allem vom Umgang mit dem Hund ab.
- Der Vierbeiner ist kein Spielzeug, er will nicht an Ohren oder Schwanz gezogen oder beim Fressen und Schlafen gestört werden. Toleranzgrenzen sind unterschiedlich, aber auch der gutmütigste Vierbeiner hat irgendwann genug.
- Hunde sind keine Streichel- oder Kuscheltiere. Wird der Vierbeiner übermäßig »betüddelt«, etwa aus Mitleid oder weil es ein Kleinhund ist, werden Sie ihm »lästig« und vermitteln keine Sicherheit.
- »Springen« Sie nicht sofort, wenn der Hund etwas will, wie zum Beispiel sein Fressen, Laufen in den Garten oder Spielen. Und kapitulieren Sie nicht, wenn er etwas nicht will, etwa aus dem Garten ins Haus kommen, runter vom Sofa gehen, sich in seine gewohnte Box legen oder die Pfoten abwischen lassen. Sonst wirken Sie wenig souverän auf ihn.

Ausreichende und ungestörte Ruhephasen gehören zum Wohlbefinden des Vierbeiners.

REGELN UND TRAINING

Da der Hund inmitten der Familie lebt, muss er gewisse Regeln und Gewohnheiten für das Zusammenleben lernen. Das entspricht auch seiner Art. Hundeartige Raubtiere leben in sozialen Verbänden, in denen der Nachwuchs von klein auf lernt, wie das Leben im Rudel läuft. Sie täten Ihrem Hund nichts Gutes, wenn Sie ihn sich sozusagen »frei entfalten« ließen. Es würden ihm Halt und Orientierung fehlen.

FESTE ERZIEHUNGSREGELN

Welche Regeln aufgestellt werden, ist individuell und kann von Familie zu Familie verschieden sein. Überlegen Sie sich schon vor dem Einzug des Hundes, was Ihnen wichtig ist. Das kann zum Beispiel beinhalten, …

- … dass das Sofa grundsätzlich tabu oder nur dann erlaubt ist, wenn eine bestimmte Decke daraufliegt. Der Hund wird konsequent von der Couch »entfernt«, wenn er unerlaubterweise dort liegt oder sitzt.
- … dass das Kinderzimmer tabu ist, etwa weil dort viele kleine Bauklötzchen herumliegen. Hier hilft ein Absperrgitter. Verwendet man es lange genug, wird auch dieses Tabu zur Selbstverständlichkeit.
- … dass der Vierbeiner nicht vom Tisch gefüttert wird. Bekommt er konsequent nie etwas, wird er es auch nicht oder nicht mehr versuchen.

Die Erziehung besteht also, wie Sie sehen, aus Ge- und Verboten, die eingehalten werden müssen.

ARTGERECHTES TRAINING

Ausbildung beinhaltet das Erlernen von Übungen wie Kommen auf Ruf oder das Sitzen. »Braucht man diese Gängelei denn überhaupt?«, fragen Sie sich vielleicht. Eine solide Grundausbildung ist wichtig, um mit dem Vierbeiner konfliktfrei und gefahrlos unterwegs zu sein. Mit Gängeln hat das nichts zu tun. Da unsere Hunde nicht wie ihre wilden Verwandten für ihren Lebensunterhalt sorgen müssen, ist das Üben eine gute Art, sie zu beschäftigen – übrigens auch für kleine Hunderassen. Die werden oft unterschätzt.

PFLICHTPROGRAMM STUBENREINHEIT

Das ist die erste Lektion für jeden Hund. In erster Linie für Welpen, aber auch für ältere Hunde, die bislang nur im Zwinger, auf der Straße oder nur in einer Wohnung gelebt haben. Welpen »müssen« ziemlich oft. Ob oder wie oft und lange Welpen nachts rausmüssen, ist unterschiedlich. Doch fast jeder Hund ist nach wenigen Wochen stubenrein. So geht es am schnellsten:

- Ist der Vierbeiner mit Ihnen im selben Raum, haben Sie ihn stets im Blick und können sofort reagieren.
- Schnüffelt er plötzlich am Boden, dreht sich im Kreis oder bringt sich in Position, bringen Sie ihn rasch hinaus. Welpen und kleine Hunde am besten tragen!
- Bringen Sie den Hund nach jedem Aufwachen, nach dem Fressen und abends so spät wie möglich noch mal hinaus. Außerdem zwischendurch, wenn er länger nicht mehr draußen oder recht aktiv war oder mehr getrunken hat.
- Lassen Sie ihn dabei zumindest nachts angeleint, damit er sich draußen nicht anderweitig beschäftigt.
- Lassen Sie ihn nachts in Ihrer Nähe schlafen und beschränken Sie seinen Radius auf den Schlafplatz (etwa mit einer Hundebox). Da er sein Bett nicht verschmutzen will, wird der Vierbeiner sich melden, falls er »muss«. Andernfalls sucht er sich eine Stelle abseits seines Schlafplatzes.
- Sagen Sie in den ersten Wochen immer während (!) er sich löst zum Beispiel »Mach mal«. So lässt sich das »Geschäft« später auslösen, wenn Darm oder Blase gefüllt sind.
- Passiert ein Malheur im Haus, reinigen und desinfizieren Sie die Stelle, sodass kein Geruch den Hund dort wieder »verführt«.
- Schimpfen Sie ihn nie dafür. Im schlimmsten Fall verknüpft der Hund den Tadel mit dem Lösen und verkriecht sich vor Angst, wenn er »muss«.

FAMILIENKONFERENZ

Lebt der Hund mit mehreren Personen zusammen, steht am besten schon vor seinem Einzug eine Familienkonferenz auf der Tagesordnung. Legen Sie dabei fest, was der Hund darf und was nicht. Damit er Regeln verstehen kann, müssen alle an einem Strang ziehen. Denn darf er zum Beispiel bei einem auf das Sofa, beim anderen nicht oder füttert ihn einer vom Tisch und beim anderen soll er »unauffällig« neben dem Tisch liegen bleiben, kann Erziehung nicht funktionieren.

AUF EINEN BLICK

DIE AUSRÜSTUNG FÜR DEN HUND

Für das Zusammenleben, die Erziehung und Ausbildung ist ein gewisses Equipment nötig. Kaufen Sie es am besten im Zoofachhandel. Das Angebot ist riesig. Alles sollte gut zu reinigen und handhabbar sein.

DAS HALSBAND

- Es sollte möglichst breit und nicht zu eng oder zu weit sein (ein Finger muss zwischen Hals und Halsband passen!). Wählen Sie für Ihren Welpen ein Halsband, das mitwächst.
- Das Halsband darf keine unbegrenzte Zugwirkung haben (»Würgehalsband«).
- Lassen Sie den Hund das Halsband den ganzen Tag über tragen. So gewöhnt er sich rasch daran. Und Sie können ihn dann jederzeit, falls nötig, festhalten.
- Achten Sie auf einen stabilen Verschluss, der sich nicht von allein öffnen kann.

DAS BRUSTGESCHIRR

- Ob Halsband oder Brustgeschirr: Beide sind bei richtigem Gebrauch geeignet. Das Brustgeschirr lässt sich besonders gut bei kleinen Hunden einsetzen.
- Das Brustgeschirr muss sehr gut sitzen und darf nicht zu wuchtig sein. Lassen Sie sich beraten. Nehmen Sie den Hund zum Anprobieren mit.
- Trägt der Hund es den ganzen Tag, gewöhnt er sich rasch daran, und Sie können ihn gut festhalten.

DIE HUNDELEINE

- Für den Alltag ist am besten eine Führleine geeignet, die sich durch einen zusätzlichen Ring plus Karabinerhaken einfach in der Länge variieren lässt. Sie lässt sich deshalb auch gut beim Festbinden des Hundes einsetzen.

Die Belohnungshappen sollten schmackhaft, klein, weich und vor allem einfach und rasch greifbar sein.

Eine solche Leine lässt sich gut in der Länge variieren.

- Die Leine soll zum Hund passen, also weder zu dünn noch zu schwer sein.
- Wenn Sie den Vierbeiner zum Üben oder auch mal zum Spielen anleinen, verbindet er das positiv. Vermeiden Sie bei Welpen und Junghunden weite Strecken an der Leine. Sie können sich noch nicht lange auf das Gehen an lockerer Leine konzentrieren und gewöhnen sich rasch das Zerren an.

DER BEUTEL FÜR BELOHNUNGEN

- Der Futterbeutel ist eine Alternative zum Verstauen der Leckerchen (statt Jackentasche), vor allem, wenn es feuchte Happen, etwa Fleischstückchen, sind.
- Der Griff zum Häppchen muss schnell möglich sein.
- Der Beutel sollte einfach am Gürtel oder an der Gürtelschlaufe zu befestigen sein.
- Er sollte waschbar und innen wasserfest sein.

DAS HUNDEBETT

- Es muss so groß sein, dass der Vierbeiner sich ausgestreckt darin hinlegen kann.
- Für Hunde, die bisher kein Hundebett gewohnt waren, sind günstige Modelle ratsam. Neigt Ihr Vierbeiner nicht oder nicht mehr zum »Umgestalten«, darf es auch eine luxuriöse Ausführung sein.
- Das Hundebett sollte in einer ruhigeren Ecke des Wohnbereichs mit Anbindemöglichkeit liegen, den Hund aber nicht »aussperren«.
- Sie können auch zwei Ruheplätze einrichten, zum Beispiel einen in der Diele für die Nacht und einen im Wohnzimmer, wo die Familie zusammenkommt.

DIE HUNDEBOX

- Sie muss so groß sein, dass der Vierbeiner bequem darin liegen, stehen und sich umdrehen kann.
- Die Box ist sehr gut als Schlafplatz geeignet, um den Hund zur Ruhe zu bringen oder gegen Trubel abzuschotten. Und auch, wenn Sie keine Zeit haben, den Vierbeiner im Auge zu behalten. In der Box kann er nichts anstellen, und ihm kann nichts passieren.
- Stellen Sie die Box samt Hund nachts in Ihre Nähe. Durch den begrenzten Radius wird der Hund schneller stubenrein (→ Seite 17).
- Statten Sie die Box mit einer weichen Hundematratze aus. So wird es gemütlich.
- Gewöhnen Sie ihn folgendermaßen an die Box: Wenn der Hund sehr müde ist, bringen Sie ihn in die Box. Eine Kaustange oder Ähnliches versüßt ihm den Aufenthalt zusätzlich. Vor allem nachts wird die Tür gleich geschlossen, tagsüber nur kurz. Öffnen Sie die Tür schon, bevor es Protest gibt. Sonst lernt der Hund, dass jemand kommt, sobald er bellt.
- Eine andere Möglichkeit ist diese: Nehmen Sie sich viel Zeit und sorgen Sie für Ruhe. Verfrachten Sie den müden Hund in die Box und setzen Sie sich bei offener Tür entspannt davor. Möchte er heraus, schieben Sie ihn kommentarlos zurück. Das wiederholen Sie so lange, bis er von selbst in der Box bleibt. Klappt das und bleibt er länger ruhig, schließen Sie bei der nächsten Trainingseinheit die Tür. Wenn auch das klappt, entfernen Sie sich nach dem Schließen der Tür. Bald schon wird der Hund seine Box mögen.
- Im Auto ist er darin sicher untergebracht – auch wenn die Heckklappe auf ist.

KOMMUNIKATION MENSCH – HUND

MITTEL DER VERSTÄNDIGUNG

Damit Sie mit dem Vierbeiner stressfrei zusammenleben und ihm etwas beibringen können, müssen Sie sich mit ihm verständigen können. Zwei- und Vierbeiner nutzen die gleichen Kommunikationsmittel – die Körpersprache und die Stimme. Wobei beim Hund die Körpersprache im Vordergrund steht, bei uns Menschen dagegen die Stimme. Unser Vierbeiner hat zusätzlich ein weiteres wichtiges »Werkzeug«, um zu kommunizieren: seine Nase. Die »Welt der Geruchsbotschaften« bleibt uns Menschen leider weitgehend verschlossen.

BEOBACHTUNGSMODUS

Durch seine Entwicklung zum Haustier ist der Hund sehr gut an das Zusammenleben mit uns angepasst. Deshalb kann er nicht nur seine Artgenossen perfekt »lesen«, sondern auch unsere Körpersprache, unsere Gerüche und unsere Stimme sehr gut deuten. Der Hund beobachtet uns, auch wenn wir uns nicht direkt mit ihm beschäftigen. Dabei entgehen ihm auch feine Nuancen nicht. Wer Stimme und Körpersprache gezielt einsetzt, merkt schnell, wie positiv sich das auf die Verständigung zwischen Zwei- und Vierbeiner auswirkt.

EINFLUSS DER PERSÖNLICHKEIT

Bei der Verständigung mit dem Vierbeiner spielt seine Persönlichkeit eine wichtige Rolle. So reagieren sensiblere Hunde auf feinere Gesten in der Körpersprache und auf feinere Nuancen in Tonfall und Klang der Stimme. »Robustere« Hunde brauchen eine deutlichere »Ansprache«. Die richtige Dosis macht es also aus. Ein Zuviel oder Zuwenig hat – je nach Hundepersönlichkeit – zur Folge, dass der Verbeiner verunsichert wird oder aber Sie nicht ernst nimmt.

Das bedeutet manchmal auch, das eigene Auftreten entsprechend zu verändern, wenn man für seinen Hund zu forsch oder zu zögerlich ist. Kennen Sie Ihren Hund jedoch gut und passen Sie beide zusammen, werden Sie hier keine Probleme haben.

EINE »FREMDSPRACHE« FÜR DEN HUND

Die ähnlichen Verständigungsmöglichkeiten und das Dasein des Vierbeiners als Familienmitglied führen häufig zur Vermenschlichung des Hundes, die der Grund für vielerlei Missverständnisse zwischen Mensch und Hund ist (→ Seite 13). Da der Vierbeiner auf uns oft so wirkt, als würde er jedes Wort verstehen, neigen viele Hundehalter dazu, unbewusst davon auszugehen, dass der Hund Sinn und Inhalt unserer Sprache tatsächlich begreift.

Hier sind wir bei einem ganz wesentlichen Punkt: Hunde verstehen die Bedeutung von Worten und Sätzen nicht. Daher versteht der Vierbeiner auch keine Erklärungen. Wer zu viel auf seinen Vierbeiner einredet, riskiert, dass der das für ihn bedeutungslose Kauderwelsch ausblendet. Ihre Stimme wird so für ihn uninteressant, und er stellt die Ohren verständlicherweise auf Durchzug. Der Hund kann gar nicht anders.

Genauso wenig kann er Hörzeichen wie etwa »Hier« oder »Sitz« befolgen, wenn er sie nicht Schritt für Schritt lernen konnte. Das sollten Sie sich gut einprägen. Denn dann lässt sich so mancher Frust für Zwei- und Vierbeiner vermeiden, wenn Letzterer vermeintlich mal wieder nicht hört und dafür »geschimpft« wird. Dabei haben Sie ihm das Hörzeichen noch gar nicht beigebracht oder ihn mit Erklärungen komplett überfordert.

KLANG DER STIMME

Was unser Vierbeiner dagegen sehr gut von Natur aus einordnen kann, sind Klang und Tonfall unserer Stimme. Idealerweise kombiniert mit der passenden Körpersprache. Die Bedeutung eines Hörzeichens lernt er dagegen nur durch gezielte Verknüpfung von Verhalten und Hörzeichen. Deshalb bräuchten Sie theoretisch beispielsweise für das Sitzen nicht unbedingt ein »Sitz«, sondern könnten auch jedes andere immer gleiche Wort – egal ob »Orange« oder »Sofa« oder welches Wort auch immer – verwenden. Mehr dazu finden Sie auf den folgenden Seiten.

KOMMUNIKATION MENSCH

Je bewusster Sie Körpersprache und Stimme einsetzen, umso besser läuft es mit der Kommunikation zwischen Ihnen und Ihrem Hund. Welche Botschaften wirken aber wie auf Ihren Vierbeiner, und wie setzt man die Stimme richtig ein? Manches kommt nämlich beim Hund ganz anders an, als wir denken. Wie Ihr Hund Ihre Botschaften an ihn richtig versteht, das erfahren Sie im Folgenden.

DIE STIMME

Sie ist ein wichtiges, aber oft ausgesprochen überstrapaziertes Mittel zur Verständigung. Setzen Sie sie gezielt ein. So wie in den folgenden Beispielen:

- Loben Sie den Hund – vor allem für ruhiges Verhalten – mit ruhiger, gelassener und freundlicher Stimme. So, als hätten Sie mit seinem Verhalten gerechnet, und nicht, als wären Sie total erleichtert.
- Geben Sie ihm ein Kommando, sagen Sie das in einem festen, ruhigen Ton. Nicht säuselnd, nicht flüsternd und nicht im Kasernenhofton. Es sollte sich weder wie eine Bitte noch wie eine Frage anhören, also kein »Würdest du dich bitte setzen?« oder Ähnliches. Sondern nur »Sitz«.
- Bleiben Sie mit der Stimme ruhig, wenn Sie ruhiges Verhalten vom Hund möchten, etwa beim »Platz« oder »Sitz«. Lassen Sie sich nicht anstecken, falls er hektisch oder nervös wird.
- Möchten Sie »Action« von Ihrem Hund, etwa beim »Hier«, klingt Ihre Stimme überzeugend und motivierend. Jedoch nicht wie eine Spielaufforderung.
- Texten Sie den Hund nicht zu. Erklären Sie ihm beispielsweise nicht, warum er nicht über die Straße laufen soll oder warum er jetzt bitte sofort kommen soll. Da blickt er nicht mehr durch und stellt seine Ohren bald auf Durchzug.
- Ein knurriges Räuspern oder eine ruhige, aber »drohende« Stimmlage wirkt hemmend und tadelnd. In der richtigen Dosis ist das hilfreich, um ein unerwünschtes Verhalten, etwa wenn der Vierbeiner am Tischbein nagt, zu unterbrechen.

DIE KÖRPERSPRACHE

In die Hocke gehen: Wenn Sie das tun, wirken Sie vor allem auf kleine Hunde und Welpen einladend. Das hilft bei den ersten Rückruf-Übungen oder wenn man den Vierbeiner zu sich locken möchte.

Flotter laufen: Gehen oder laufen Sie flott vom Hund weg, animiert ihn das, Ihnen zu folgen. Das ist eine gute Unterstützung beim Rückruf-Training, denn Ihr Vierbeiner möchte Sie ja nicht verlieren. Es ist jedoch kontraproduktiv, wenn Sie das »Bleib« üben.

Entschlossen sein: Gehen oder laufen Sie entschlossen auf den Hund zu, hemmen Sie ihn. Im schlimmsten Fall weicht er aus oder flüchtet. In der richtigen Dosis bremsen Sie ihn zum Beispiel dann, wenn er gerade aus dem Bleib aufstehen möchte oder Anstalten macht, unerlaubt das Sofa zu entern. Kontraproduktiv ist es aber dann, wenn der Hund gerade Unrat ins Maul genommen hat. Denn dann wird er damit weglaufen und den Unrat noch rasch schlucken. Ebenso negativ wird sich eine solche Botschaft auf den Rückruf auswirken, falls der Hund mal zu spät kommt und Sie sich ärgern. Ihr Vierbeiner wird dann immer zögerlicher kommen.

Blockieren: Wenn Sie sich frontal vor ihn stellen, blockieren Sie ihn. Zum Beispiel dann, wenn er unerlaubt zur Haustür hinausstürmen möchte.

Einladen: Machen Sie dann einen Schritt zur Seite und drehen Ihren Körper seitlich, kombiniert mit einer einladenden Bewegung, geben Sie dem Hund wieder Raum.

Freundlicher Blickkontakt: Ein freundlicher, entspannter Blickkontakt verbindet. Er ergibt sich automatisch beim Streicheln und Kuscheln oder wenn Sie Ihren Vierbeiner zum Spiel auffordern.

Aufmerksamer Blickkontakt: Er ist nützlich, um die Aufmerksamkeit des Hundes auf sich zu lenken, zum Beispiel beim Fuß-Gehen oder wenn Sie ihn auf etwas Interessantes aufmerksam machen möchten. Wenn Sie ihn aber beim »Bleib« aus der Entfernung aufmerksam anschauen, erwartet der Hund nicht selten gespannt, dass gleich etwas von Ihnen kommt. Das führt leicht dazu, dass er aufsteht, anstatt ganz entspannt sitzen oder liegen zu bleiben.

Grimmiger Blickkontakt: Er wirkt »bedrohlich«. In der richtigen Dosis kann er sich, je nach Persönlichkeit des Vierbeiners, hemmend auf unerwünschtes Verhalten auswirken – wenn der Hund etwa neben dem Tisch sitzt und bettelt. Ein Zuviel führt aber zur Verunsicherung

TIPP

BERECHENBAR BLEIBEN

Für eine gute Beziehung ist es wichtig, dass Sie für Ihren Hund berechenbar sind. Vermeiden Sie daher große Gefühlsausbrüche, vor allem solche aus Ärger. Der Vierbeiner macht nichts, um Sie bewusst zu ärgern. Sind Sie doch mal am Überkochen, atmen Sie lieber ein paar Mal tief durch, anstatt Frust an ihm auszulassen. Sie können ihm hinterher nicht erklären, dass das nicht so gemeint war.

des Hundes. Auf fremde Vierbeiner oder bei Aggressionsproblemen mit dem eigenen Hund wirkt ein solcher Blickkontakt provozierend und drohend und kann daher gefährliche Folgen haben.

Blick abwenden: Beim Abwenden des direkten Blickkontaktes kann sich der Hund entspannen bzw. wird ein Tadel beendet. Sensible oder unsichere Hunde beeindruckt auch ein normaler Blickkontakt in manchen Situationen, wie beispielweise beim Zurückkommen, derart, dass sie langsamer werden. Auch hier hilft ein Abwenden des Blicks. In kritischen Situationen wirkt das Abwenden des Blickkontaktes deeskalierend.

Streicheln: Gleichmäßiges Streicheln und ruhiges Kraulen über den Rücken oder an der Brust stärken die Bindung zwischen Hund und Mensch. Das lässt sich gut beim Kuscheln einbauen oder als Lob beim Training.

Tätscheln: Hektisches Tätscheln, vor allem auch auf den Kopf, ist dem Vierbeiner dagegen eher unangenehm. Viele Hundebesitzer neigen besonders dann dazu, wenn sie sich über etwas, das der Hund gerade gemacht hat, besonders freuen. Der Vierbeiner dagegen kneift die Augen zusammen, dreht den Kopf weg oder weicht ein, zwei Schritte aus.

Ruhig bewegen: Ruhige Bewegungen übertragen die Ruhe auf den Hund, etwa bei Übungen wie dem Sitzen oder wenn man ihn festbindet, damit er sich »herunterfahren« kann.

Aktiv sein: Mehr »Action« pusht den Vierbeiner, etwa beim Auflösen einer Übung, beim flotten Fuß-Laufen, aber auch, wenn Sie ihn zum Spielen auffordern.

DIE RICHTIGE KOMBINATION

Damit Ihre Botschaften auch richtig rüberkommen und Sie überzeugend wirken, müssen Körpersprache und Stimme zueinanderpassen. Doch nicht selten gibt es da Diskrepanzen. Hier ein paar Beispiele für nicht stimmige Botschaften, die relativ häufig sind:

- Wenn Sie zwar motiviert »Fuß« sagen, dann aber stehen bleiben und warten, ob der Vierbeiner wirklich losgeht, wird auch er warten oder sich gleich mit etwas anderem beschäftigen.
- Wenn Sie zwar motivierend »Hier« rufen, dann aber abwesend auf das Smartphone schauen, wird der Vierbeiner sich unterwegs wahrscheinlich manches andere einfallen lassen.
- Sagen Sie »Sitz« und beugen sich dabei zu sehr über den Hund, wäre es nicht ungewöhnlich, wenn er sich hinlegen würde.

Wenn man sich klein macht, wirkt das besonders auf kleine und junge Vierbeiner sehr einladend.

Ein entschlossener Schritt ist eines der Elemente, die den Menschen auf seinen Hund souverän wirken lassen.

- Wenn Sie ihn zwar lobend streicheln, das aber mit einem strammen »So ist er brav« kombinieren, kommt das Lob nicht wirklich als solches an.

IHRE AUSSTRAHLUNG

Dass es sehr gut ist, wenn Sie Souveränität ausstrahlen, wissen Sie schon. Ihr Hund weiß dann, dass er sich auf Sie verlassen kann und Sie ihn leiten. In Körpersprache und Stimme übersetzt, bedeutet dies:

- Gehen Sie, auch schon beim Losgehen, entschlossen, richten Sie den Blick überwiegend nach vorn und sagen Sie dabei sehr wenig zum Hund, anstatt zögerlich zu gehen, auf den Hund einzureden und zu warten und immer zu schauen, was er macht.
- Bewegen Sie sich sicher, wenn Sie dem Vierbeiner etwa die Pfoten abputzen, anstatt unsicher und zögerlich zu probieren, wie man die Pfote jetzt am besten nimmt. Auch Ihre Stimme klingt dabei sicher. Ist er etwa unerlaubt auf dem Sofa, wird er entschlossen heruntergefördert, anstatt ihn zu locken oder halbherzig zu »entfernen«.
- Streicheln Sie Ihren Hund gezielt, ruhig und gleichmäßig, anstatt ihn unruhig zu tätscheln oder dauernd an ihm »herumzustreicheln«.
- Bleiben Sie entspannt, sicher und gelassen, wenn der Hund etwas hört oder sieht, das ihn verunsichert, anstatt ihn zu bemitleiden. Je nach Situation gehen Sie souverän daran vorbei oder erkunden das Objekt zusammen mit dem Hund.
- Stellen Sie sich dazwischen, wenn er mit einer Situation, wie etwa der Begegnung mit einem unfreundlichen oder zu rüpeligen Artgenossen, überfordert ist, anstatt passiv und unsicher danebenzustehen und ihn die Situation allein klären zu lassen.
- Bremsen Sie ihn schon im Ansatz mit Körpersprache und Stimme ein, wenn er sich in einer Situation unangemessen verhält, etwa einen Besucher anrüpelt oder einen deutlich unterlegenen Hund drangsaliert.

KOMMUNIKATION HUND

Je besser Sie Ihren Vierbeiner beobachten, umso eher verstehen Sie seine »Sprache«. Welche Möglichkeiten der Verständigung er mit seinem Körper, der Stimme und Gerüchen hat, erfahren Sie nun. Doch auch unter Hunden muss manches erst durch Erfahrung gelernt werden. Denn weil sie sich sehr stark in der Optik und im Einsatz ihrer Stimme unterscheiden, versteht nicht jeder den anderen immer gleich automatisch.

DIE KÖRPERSPRACHE

Ob Körperhaltung, Ohren, Augen Lefzen, Schwanz oder Fell – Hunde haben ein breites Repertoire an Kommunikationsmöglichkeiten mittels Körpersprache. Sie ist die wichtigste Art der Verständigung – sowohl zwischen Vier- und Zweibeiner als auch von Hund zu Hund. Doch nicht alle Hunde können diese »Sprache« gleich gut benützen. Lange Haare, die über die Augen hängen, lange Hängeohren oder auch eine »eingedrückte« verkürzte Schnauze lassen Botschaften nicht leicht »lesen« und verschicken. Das führt manchmal zu Missverständnissen. Zumindest was die Frisur betrifft, können Sie helfen, indem Sie für eine freie Sicht des Vierbeiners sorgen. Wie nutzt der Hund nun seine Körpersprache?

Die Ohren: Sie lassen sich unterschiedlich stark nach vorne, zur Seite oder nach hinten richten. Auch als Hängeohren, wenngleich viel weniger deutlich.

Die Augen: Damit kann der Hund blinzeln, anstarren, den Blick abwenden oder neutral schauen.

Die Lefzen: Sie können unterschiedlich stark verkürzt oder nach hinten gezogen werden, wobei je nach Situation die Zähne mehr oder weniger gezeigt werden. Auch das Lecken der eigenen Schnauze ist ein Signal.

Der Schwanz: Neben unterschiedlich starkem oder schwächerem Wedeln lässt sich der Schwanz auch unterschiedlich hoch oder tief halten.

Die Körperhaltung: Der Vierbeiner kann sich kleiner oder auch richtig groß machen. Ein gesträubtes Nackenfell lässt ihn dann noch größer erscheinen.

Wichtige Hundebotschaften und ihre Bedeutung finden Sie auf den Seiten 30 und 31.

DIE STIMME

Wie gesprächig Hunde sind, ist sehr verschieden und hängt von ihrer Veranlagung ab. So neigen Hunde, die für Wach- und Schutzzwecke gezüchtet wurden, mehr zum Bellen. Sie sollen ja gleich melden, wenn sich rundherum etwas tut. Wer allerdings möglichst leise sein musste, wie viele Jagdhunderassen, bellt wesentlich weniger. Zu viel Stimme würde nämlich das Wild verscheuchen und so den Jagderfolg des Jägers zunichtemachen. Welche stimmlichen Möglichkeiten hat nun der Vierbeiner?

Bellen: Je nachdem, ob der Hund sich freut, einen »Eindringling« meldet oder etwas fordert, klingt es unterschiedlich. Wieder anders klingt eine stimmliche Spielaufforderung. Aber auch da gibt es individuelle Unterschiede. So hört sich das Melden eines Besuchs nicht bei allen Vierbeinern gleich an.

Jaulen: Ein Aufjaulen bedeutet Schmerz. Starke anhaltende Schmerzen zeigt der Hund durch anhaltendes, jämmerliches Jaulen an. Auch Vierbeiner, die Probleme mit dem Alleinbleiben haben, jaulen häufig – manchmal vermischt mit Belllauten.

Winseln: Das ist meist ein Zeichen von Aufregung. Ungeduld, Anspannung, Angst oder auch Freude kann sich durch Winseln äußern.

Heulen: Das ist bei Hunden seltener. So mancher Vierbeiner heult aber bei bestimmten Geräuschen, etwa beim Läuten einer Kirchenglocke oder Feuerwehrsirene. Doch auch wenn der Hund nicht gern allein bleibt, kann sich Heulen in seine Unmutsäußerungen mischen.

GERÜCHE

Der Hund kann zwar unseren Gerüchen vieles entnehmen, aber leider nicht umgekehrt. Die Welt der Gerüche bleibt uns weitgehend verschlossen. Dennoch erkennen wir, wenn sich der Vierbeiner mit seinesgleichen geruchlich austauscht

Er schnüffelt oft ausgiebig an den Duftmarken von Artgenossen und »liest« die Nachricht. Vielleicht war eine paarungsbereite Hundedame da oder der Erzfeind aus der nächsten Straße. Oder aber der Lieblingsfreund.

Der Vierbeiner setzt selbst Urinmarkierungen. Gern auch möglichst hoch, dann kann die Nachricht nur schwer von einem Artgenossen »überschrieben« werden. Wird danach noch gescharrt, ist es »unüberriechbar«, wer da war. Mit vermehrtem Absetzen von wenig

Was es bedeutet, wenn der Vierbeiner sich über die Schnauze leckt, hängt immer von der Situation ab.

Das Beschnuppern der Duftdrüsen am Hinterteil liefert dem Hund wichtige Informationen über den Artgenossen.

Urin informieren Hündinnen die Männerwelt, dass sie bald läufig werden oder es schon sind. Begegnen sich Hunde, will jeder möglichst ans Hinterteil des anderen. Dort sitzen Duftdrüsen, die wichtige Infos enthalten.

STRESSSIGNALE

Hunde können durch verschiedene Faktoren unter Stress geraten. Zum Beispiel durch Schmerzen, Angst, Krankheiten oder zu viel Unruhe rundherum.
Aber auch durch Überforderung oder zu viel wie auch zu wenig Beschäftigung. Zu viel Druck oder ständiges Reglementieren durch seinen Menschen kann ebenso Stress verursachen wie auf der anderen Seite fehlende Führung oder zu viel »Betüddeln«.
Welcher Vierbeiner wodurch wie stark gestresst wird, hängt auch von seinem individuellen Nervenkostüm ab. Wichtig ist, dass Sie entsprechende Signale erkennen und mögliche Ursachen abstellen. Diese können zum zum Beispiel sein:

- Zittern, starkes Hecheln, verspannte Muskulatur: oft bei Fieber oder Schmerzen, auch bei Angst.
- Zerkauen von Gegenständen (jenseits des Welpenalters): etwa Langeweile oder unruhiges Umfeld, aber auch Überbeschäftigung.
- Winseln, am Menschen hochspringen: beispielsweise bei zu wenig Souveränität und zu viel »Betüddeln« oder einem nervösen Zweibeiner oder zu viel Unruhe insgesamt.
- Winseln, Jammern: etwa bei paarungsbereiten Hündinnen oder Rüden, die eine läufige Hündin in der Nase haben.
- Hohes, nervöses Kläffen: zum Beispiel bei sogenannten »Balljunkies«, wenn sie durch zu viel Ballspielen dabei oder schon davor völlig überdrehen.

Da zu viel Stress, negativer wie positiver, ungesund ist, sollten Sie Situationen (oder Ihr Verhalten), in denen sich der Vierbeiner wiederholt gestresst zeigt, entsprechend verändern.

IM KONFLIKT

Kann der Vierbeiner nicht so, wie er will, oder kann er sich nicht entscheiden, zeigt sich auch das in seiner Körpersprache. Klassische Übersprungshandlungen sind beispielsweise das Lecken der eigenen Schnauze, Gähnen oder sich Kratzen. Dazu ein paar Beispiele:

- Ihr angeleinter Vierbeiner sieht im Wasser Enten, denen er nur zu gern auf die Pelle rücken würde. Doch die Leine hindert ihn, auf Entenjagd zu gehen – er gähnt, eventuell sogar laut.
- Sie üben mit ihm ruhiges Sitzen an Ihrer Seite. Ihr Hund sieht in der Nähe einen Artgenossen, zu dem er gern möchte. Da ihm das Sitzenbleiben jetzt schwerfällt, kratzt er sich.
- Ihr Kind umarmt den Vierbeiner. Der findet das nicht so super, möchte weg, kann aber nicht. Er leckt sich über den Fang.
- Ein Artgenosse kommt des Weges, Sie gehen in entgegengesetzter Richtung weiter. Der Vierbeiner ist hin- und hergerissen, setzt sich und kratzt sich kurz, bevor er Ihnen schließlich doch folgt.

In Situationen ähnlich dem Beispiel mit dem Kind, das den Vierbeiner umarmen möchte, nehmen Sie den Hund gleich aus der Situation heraus, um zu vermeiden, dass er in Bedrängnis gerät.

Zeigt er im Training nicht nur ab und zu, sondern häufig Übersprungshandlungen, ist ihm die Übung noch zu schwer. Dann vereinfachen Sie diese.

Manchmal muss der Hund die Situation bewältigen, etwa wenn er den Enten, der Katze usw. nicht hinterher darf. Aber Sie könnten ihn für ein »Sitz« belohnen. Oder dafür, dass er sich für Sie entscheidet und nicht für den Artgenossen. So hat er den Anschluss nicht verloren und wird nächstes Mal nicht mehr überlegen.

Wichtig: Solche Übersprungshandlungen müssen immer im Zusammenhang mit der jeweiligen Situation gesehen werden. Hunde kratzen sich auch, wenn es juckt. Sie gähnen, wenn sie müde sind, und lecken sich auch ohne tieferen Grund über die Schnauze.

INFO

DIE KOMBINATION ZEIGT ES

Um die »Sprache« des Hundes richtig zu verstehen, muss man stets den gesamten Körperausdruck anschauen. Erst das Zusammenspiel von Ohrenhaltung, Mimik und der Art des Wedelns usw. ergibt den Inhalt der Botschaft.

BEISPIEL SCHWANZWEDELN

Ein typisches Beispiel dafür ist das Schwanzwedeln. Ein Hund, der wedelt, ist nicht automatisch freundlich. Wedeln zeigt zunächst nur, dass der Vierbeiner aufgeregt ist. Zum Beispiel auch, wenn er voller Jagdlust im Mauseloch steckt. Welche Art von Aufregung es ist, lässt sich nur aus der gesamten Körpersprache erkennen.

BEISPIEL GEFLETSCHTE ZÄHNE

Gefletschte Zähne bei kurzen Mundwinkeln, steifer Körperhaltung, Anstarren des Gegners, nach vorn gerichteten Ohren und gesträubtem Nackenfell ist Angriffsdrohen. Etwa wenn der Hund in seinem Revier einen Eindringling gestellt hat. Beim Abwehrdrohen (→ Seite 31) ist der verunsicherte Hund in höchster Bedrängnis. Auf der anderen Seite zeigen manche Hunde bei der freundlichen Begrüßung kurz die oberen, vorderen Zähne.

AUF EINEN BLICK

HUNDE-BOTSCHAFTEN

Hier finden Sie einige Beispiele für Hundebotschaften und ihre Bedeutung. Manche sind recht eindeutig, bei anderen hängt die Art der Information von der Situation oder verschiedenen »Stimmungen« ab.

Die sogenannte Vorderkörpertiefstellung nutzt der Hund oft, um Mensch oder Artgenosse zum Spiel aufzufordern.

SPIEL MIT MIR!

Die sogenannte Vorderkörpertiefstellung ist eine Form der Spielaufforderung, mit der der Hund sowohl Menschen wie auch Artgenossen zum Spiel animieren möchte. Mancher Vierbeiner hat auch gleich sein Spielzeug dabei.
Dieses Verhalten kann aber auch eine Übersprungshandlung sein (ohne Spielzeug), wenn sein Mensch etwa drohend und schimpfend auf ihn zugeht und der Hund noch im Konflikt zwischen Warten oder doch besser Ausweichen ist. Er möchte damit also nicht seinen Besitzer ärgern, wie so mancher meint.

DA IST ETWAS SEHR INTERESSANTES!

Etwas fesselt die Aufmerksamkeit des Vierbeiners, er ist startbereit – Ohren und Blick sind konzentriert nach vorn gerichtet, der ganze Körper ist angespannt. Spätestens jetzt heißt es rasch reagieren, wenn Sie verhindern wollen, dass er durchstartet! Warten Sie nicht so lange, bis Sie herausgefunden haben, was er bemerkt hat, und richten Sie Ihre Aufmerksamkeit nicht auch dorthin. Denn das wäre für ihn praktisch Ihre Zustimmung.

Gespannte Aufmerksamkeit heißt schnell reagieren!

DAS VERUNSICHERT MICH!

Eine leicht geduckte Körperhaltung, den Schwanz gesenkt, die Schnauze wird geleckt – dieser Hund zeigt sich verunsichert und ausweichend. Vielleicht ist ihm ein Fremder nicht ganz geheuer. Verhält der Vierbeiner sich seinem Menschen gegenüber öfter so, liegt in der Beziehung der beiden etwas im Argen.

ICH FÜHLE MICH »SAUWOHL«!

Ein Vierbeiner, dem es gerade rundum taugt, zeigt das oft durch sogenanntes Komfortverhalten. Dazu gehört zum Beispiel, dass er beim Schlafen auf dem Rücken liegt und alle viere in die Höhe streckt oder sich genüsslich auf dem Rasen, im Schnee oder auf dem Teppich wälzt. Auch ausgiebiges Strecken oder Schütteln nach einem Nickerchen zeigt, dass der Hund entspannt ist und sich wohlfühlt. Zum Komfortverhalten gehört außerdem die Körperpflege. Der Hund leckt sich oder wischt sich etwa mit den Vorderbeinen über das Gesicht, um es von Augensekret zu säubern.

BLEIB MIR VOM LEIB!

An der Leine sind Hunde eingeschränkt. Der Vierbeiner rechts im Foto auf Seite 156 bellt drohend, um sich den Artgenossen vom Leib zu halten. Der Schwanz ist zwar oben und das Nackenfell gesträubt, was eigentlich zum offensiven Drohen gehört. Aber die angelegten Ohren, das auch im Kruppenbereich gesträubte Fell und die geduckte Haltung zeigen Unsicherheit. Sieht der Hund keinen Ausweg mehr, weil ihm der andere immer weiter auf die Pelle rückt, kann im schlimmsten Fall aus seiner Sicht nur die Flucht nach vorn das Richtige sein.
Der linke Hund zeigt sich relativ sicher und abwartend. Sein leicht gesträubtes Fell im Nacken und auf der Kruppe signalisiert aber auch leichte Unsicherheit.

SCHÖN, DASS DU DA BIST!

Freut der Hund sich über einen Menschen, zeigt er das mit seinem ganzen Körper. Die Ohren werden angelegt, die Augen blinzeln, und der Schwanz wedelt auf halber Höhe ausladend waagerecht hin und her. Dazu werden oft die Hände des geliebten Menschen geleckt, oder es wird gar versucht, mit der Zunge sein Gesicht zu erwischen, auch durch Anspringen. »Gesprächige« Vierbeiner unterstreichen ihre Freude oft noch durch Grunzen, Schnauben oder Winseln. Manche müssen dabei außerdem sogar noch etwas im Maul tragen.

Gesenkter Kopf und Schwanz, »gedrückte Körperhaltung«, Lecken der Schnauze – dieser Hund ist verunsichert.

BASISWISSEN LERNEN

LERNPRINZIPIEN

Der Hund ist das einzige Heimtier, das eine derart enge Beziehung zum Menschen hat, dass er dessen Verhalten auf seine Art deutet, daraus lernt und darauf reagiert – auch wenn wir nicht bewusst etwas mit ihm üben.
Hunde sind sehr lernfähig und lernen gern, auch im Alter noch. Manches lernen Vierbeiner schnell, anderes dauert etwas. Das hat auch mit der Persönlichkeit und den Veranlagungen des einzelnen Tieres zu tun.
So kämen manche Vierbeiner im Leben nicht auf die Idee, von der Küchenanrichte Fressbares zu ergattern. Andere wiederum haben diese Nahrungsquelle schon als Junghunde fest im Blick.
Auch an Durchhaltevermögen und Konsequenz ihres Menschen stellen Hunde unterschiedlich hohe Ansprüche. So hat es bei manchen Vierbeinern nicht gleich weitreichende Auswirkungen, wenn man mal nicht ganz so konsequent ist. Nicht wenige aber nutzen jede kleinste Lücke und Schwäche des Zweibeiners aus, um die eigenen Vorstellungen zu verwirklichen.

DIE ART DES LERNENS

Doch egal, wie ein Hund veranlagt ist – die Art des Lernens ist bei allen gleich. Deshalb ist ein bestimmtes Maß an Wissen darüber für Erziehung und Ausbildung des Vierbeiners ausgesprochen wichtig. Ganz ohne Theorie geht es also nicht. Aber sie lohnt sich. Denn wenn Sie wissen, wie sich das, was Sie dem Vierbeiner beibringen möchten oder was Sie den Tag über so mit ihm tun, in seinem Gehirn verankert, werden Sie staunen, wie schnell sich Erfolge einstellen. Außerdem treten einige Probleme dann gar nicht erst auf. Auch der Hund profitiert wesentlich davon. Denn er kann so genau erkennen, was Sie von ihm möchten. Das wiederum tut seiner Beziehung zu Ihnen gut.

ERFOLG SPORNT AN

Zu einem großen Teil lernt der Hund am Erfolg. Das heißt, er macht gern etwas wieder, wovon er einen Vorteil hat. Was sich bewährt, kann er dann durchaus auch in anderen Situationen ausprobieren. Genauso wird er solche Verhaltensweisen eher nicht mehr zeigen, die ihm nichts oder gar Nachteile einbringen.

WAS ZUR GEWOHNHEIT WIRD

Die meisten Vierbeiner integrieren sich gut in den Alltag, weil sie sich dem anpassen, was weitgehend immer gleich ist. Wenn Herrchen oder Frauchen beispielsweise vormittags überwiegend am PC arbeitet, wird der Hund sich der Situation nach und nach anpassen und in dieser Zeit zum größten Teil dösen oder schlafen.

SIGNALE VERKNÜPFEN

Tragen Sie beispielsweise immer dieselbe Jacke, wenn Sie mit dem Vierbeiner spazieren gehen, wird er bald schon erwartungsvoll vor Ihnen stehen, wenn Sie zu dieser Jacke greifen. Hört der Hund immer das gleiche Wort, wenn er etwas Bestimmtes tut, etwa sich setzt, wird er sich nach einigen Tagen auf dieses Wort hin setzen. Diese Aspekte des Lernens sind in der Praxis ab Seite 46 besonders wichtig.

ETWAS NACHAHMEN

Wer sich einen jungen Hund als Zweithund zulegt, wird feststellen, dass sich der jüngere vom älteren etwas abschaut. Bekommt der jüngere mit, dass sich ein bestimmtes Verhalten für den Ersthund lohnt, übernimmt er das. Das gilt sowohl für solche Verhaltensweisen, die Sie gut finden, als auch für weniger erfreuliche.

NICHTS PERSÖNLICH NEHMEN

Auch wenn es manchmal so aussieht: Der Vierbeiner möchte Sie nicht ärgern. Egal, ob er an der Leine zerrt, in der Küche klaut oder auf Ruf nicht kommt – er hat lediglich gelernt, dass es sich lohnt. Oder er kann eine Übung wie etwa das Kommen auf Ruf gar nicht zuverlässig beherrschen, weil sie nicht schrittweise aufgebaut und eingeübt wurde.

LERNEN IM ALLTAG

Betrachten wir im Folgenden einmal verschiedene Beispielsituationen aus dem Alltag und was der Hund dabei lernt. Weil es anschaulicher ist, »spricht« der Hund – etwas vermenschlicht – aus, was in seinem Gehirn wie ankommt.
Vielleicht haben Sie dabei das eine oder andere Aha-Erlebnis, denn so manche Verhaltensweisen, die uns stören, lasten wir zu Unrecht dem Vierbeiner an.
Da heißt es, erst mal vor der eigenen Tür kehren. Ist Ihnen erst klar geworden, wie der Hund tickt, wird es Ihnen relativ leichtfallen, sein Verhalten entsprechend zu lenken – auch in anderen Zusammenhängen als den aufgeführten Beispielen.

LERNEN AM ERFOLG

Dieses Prinzip machen wir uns meist dann bewusst oder automatisch zunutze, wenn wir dem Vierbeiner etwas Bestimmtes beibringen möchten:

Situation 1: Ihr Hund bekommt eine exklusive Superbelohnung, wenn er auf Ihren Rückruf sofort kommt.
Das lernt der Hund: Wenn ich gerufen werden, und sofort komme, gibt es eine tolle Belohnung. Dafür lasse ich gern alles liegen und stehen!

Situation 2: Der Hund wird belohnt, wenn er ruhig neben Ihnen sitzen bleibt, während Jogger vorbeilaufen.
Das lernt der Hund: Jogger verfolgen wäre schon verlockend. Doch wenn ich sitzen bleibe, bis sie vorbei sind, fliegt mein ganz besonderer Lieblingsball, den ich nur in besonderen Situationen bekomme. Das muss ich unbedingt ausnutzen!

Situation 3: Nur wenn der Hund ruhig an der offenen Haustür wartet, gibt es die Erlaubnis rauszugehen.
Das lernt der Hund: Wenn ich mich an der Haustür ruhig verhalte, dann geht's umso schneller raus zum aufregenden Spaziergang!

Doch mindestens genauso oft, wenn nicht sogar häufiger, belohnen wir den Vierbeiner unbewusst für Verhaltensweisen, die wir eigentlich gar nicht wollen oder die uns sogar ziemlich nerven:

Situation 1: Der Hund zerrt erfolgreich an der Leine Richtung Duftmarke oder einfach nur vorwärts.
Das lernt der Hund: Super, wenn ich mich ordentlich ins Zeug lege, komme ich umso schneller ans Ziel. Das mache ich beim nächsten Mal wieder so!

Situation 2: Da der Hund völlig aus dem Häuschen gerät, bellt und springt, wenn Sie sich zum Spaziergang fertig machen, schauen Sie, dass Sie so schnell wie möglich mit ihm aus dem Haus kommen, damit Sie endlich Ihre Ruhe haben.
Das lernt der Hund: Wenn ich total ausflippe, geht's besonders rasch nach draußen. Das mache ich jetzt jedes Mal genauso!

Situation 3: Der Hund springt an Ihnen oder einer anderen Person hoch und wird beruhigend gestreichelt oder fröhlich begrüßt.
Das lernt der Hund: Super, wenn ich jemanden anspringe, beschäftigt der sich mit mir! Das mache ich wieder!

Situation 4: Der Hund kratzt an der Tür, Sie lassen ihn sofort hinaus oder herein, um die Tür zu schonen.
Das lernt der Hund: Wenn ich an der Tür kratze, geht sie rasch auf. Das mache ich jetzt bei jeder Tür, wenn ich rein oder raus möchte.

Situation 5: Sie sagen zum Beispiel »Sitz«, aber der Hund setzt sich nicht, sondern wartet ab. Sie ziehen einen Happen aus der Tasche, und schon setzt er sich.
Das lernt der Hund: Wenn ich Kommandos einfach ignoriere, zieht Frauchen einen Happen aus der Tasche und besticht mich. Da lohnt es sich, nur dann zu gehorchen, wenn sie ein Leckerli aus der Tasche zieht.

Situation 6: Trotz mehrfacher Kommandos tut Ihr Hund so, als wären Sie überhaupt nicht vorhanden. Sie geben entnervt auf.
Das lernt der Hund: Ich muss nur die Ohren lange genug auf Durchzug stellen, und schon lässt Herrchen/Frauchen mich in Ruhe.

Situation 7: Der Vierbeiner buddelt auf der Wiese begeistert nach Mäusen. Sie rufen ihn immer wieder und warten und warten, dass er endlich kommt.
Das lernt der Hund: Ich kann Frauchen/Herrchen gut sehen und hören, kann mir also ruhig Zeit lassen und das Buddeln genießen.

INFO
IGNORIEREN – ABER RICHTIG

Ignorieren beeinflusst nur Verhaltensweisen, für die der Hund Sie oder Ihre Aufmerksamkeit braucht, um ans Ziel zu kommen: etwa Betteln am Tisch, Einfordern der Mahlzeit, an Ihnen hochspringen oder wenn er an der Terrassentür winselt, weil er draußen einen Vogel jagen will.

THEMA AUFMERKSAMKEIT

Bekommt er nun Ihre Aufmerksamkeit – das kann auch nur ein Blickkontakt oder ein Wort sein –, belohnen Sie sein Verhalten. Ignorieren Sie das Verhalten jedoch auf Dauer, wird der Hund es mangels Erfolg lassen. Je nach Typ lässt es der eine eher, der andere probiert es länger.

THEMA AUSDAUER

Wer dabei nicht ausdauernd genug ist, verstärkt das Problem: Angenommen, der Hund bettelt am Tisch. Sie geben ihm eine Zeit lang nichts. Dann legt er vielleicht die Pfote auf Ihren Schoß, beginnt zu bellen. Eines Tages werden Sie weich und geben ihm doch etwas. Der Hund lernt nun: Wenn ich lange genug nerve und mich anstrenge, erreiche ich mein Ziel! Sie können mit dem Ignorieren noch mal beginnen, aber nun wird die Wirkung noch länger auf sich warten lassen – Sie brauchen noch mehr Ausdauer.

LERNEN AM GELEGENTLICHEN ERFOLG

Gelegentlicher Erfolg spornt ebenfalls an. Ob hier seltene Erfolgserlebnisse oder etwas häufigere ausreichen, ist von Hund zu Hund verschieden. Auch dieser Aspekt gilt einerseits für Verhaltensweisen, die wir wollen:

Situation 1: Der fortgeschritten ausgebildete Vierbeiner bekommt nicht mehr für jedes »Sitz« eine Belohnung, aber für besondere Leistungen. Zum Beispiel dann, wenn er unter Ablenkung länger sitzen bleibt.
Das lernt der Hund: Ich weiß zwar nicht genau, wann es eine Belohnung gibt, aber es gibt immer wieder mal etwas Leckeres. Daher lohnt es sich, mich zu setzen, wenn Frauchen/Herrchen das möchte.

Andererseits tappt man aber auch hier leicht in die Falle und fördert unbeabsichtigt unerwünschtes Verhalten:

Situation 1: Der Hund kontrolliert immer wieder die Küchenanrichte und findet dort ab und zu etwas Fressbares, das er dann natürlich »mitgehen« lässt.
Das lernt der Hund: Auch wenn ich nicht jedes Mal etwas ergattere – ab und zu gibt es doch was zu holen. Also schaue ich auf jeden Fall regelmäßig nach.

Situation 2: Sie gehen zwar vorausschauend spazieren, aber gelegentlich passiert es doch, dass Ihr Hund einer Katze hinterherjagt oder eine Spur aufnimmt.
Das lernt der Hund: Jagen gibt mir den ultimativen Kick! Deshalb halte ich stets Nase und Augen offen, denn es gibt immer wieder mal eine Chance, die ich auf keinen Fall verpassen will.

LERNEN AM AUSBLEIBENDEN ERFOLG

Tragen die Anstrengungen des Vierbeiners dauerhaft keine Früchte, wird er letztlich auch keine Energie mehr darauf verschwenden. Das können wir uns bei der Erziehung zunutze machen, um ein unerwünschtes Verhalten zu beeinflussen:

Situation 1: Sie sorgen über Monate dafür, dass auf der Küchenanrichte nichts Fressbares mehr in Reichweite des Hundes steht, am besten befindet sich gar nichts Fressbares mehr unbeaufsichtigt dort.
Das lernt der Hund: Jetzt habe ich so oft und lange nachgeschaut, ob es dort etwas gibt. Aber es ist nichts zu holen. Also lohnt es sich nicht mehr nachzuschauen.

Situation 2: Möchte der Hund sich durch die Haustüre quetschen, sobald sie nur einen Spalt offen ist, schließen Sie sie gleich wieder.
Das lernt der Hund: Doof, jedes Mal, wenn ich so flott wie möglich raus möchte, geht die Tür wieder zu. Das ist ja das Gegenteil von dem, was ich möchte. Es bringt also nichts, ich warte jetzt besser mal ab.

Situation 3: Der Hund bettelt am Tisch, Sie beachten ihn bei keiner Mahlzeit – so lange, bis der Tisch abgeräumt ist. Hier heißt es »Vorsicht Falle!«. Lesen Sie dazu auch die Info »Ignorieren – aber richtig« auf Seite 36.
Das lernt der Hund: Zu warten, ob was für mich abfällt, ist für die Katz. Es gibt nichts. Da lege ich mich lieber hin und verdöse die Zeit.

Ausbleibende Erfolge können sich aber auch in einer Weise auswirken, die wir gerade nicht wollen:

Situation: Der Hund kommt auf Ruf, obwohl er gerade etwas für ihn Tolles gesehen hat (seinen Erzfeind, ein Kaninchen, eine Katze usw.). Sie belohnen ihn nicht. Das passiert mehrere Male.
Das lernt der Hund: Wenn es sich nicht mehr lohnt, dass ich sogar Highlights links liegen lasse, dann entscheide ich mich in Zukunft lieber für die.

LERNEN DURCH UNANGENEHME ERFAHRUNGEN

Erfahrungen dieser Art mögen wir alle nicht so gern, und doch bleiben sie nicht aus. Wenn man daraus aber lernt, lässt sich das unangenehme Gefühl, das durch

Nur ruhiges Warten an der Tür führt zum Ziel und letztlich hinaus. Das ist im Alltag sehr nützlich.

negative Erlebnisse entsteht, vermeiden, und man ist wieder in der Wohlfühlzone. Beim Hund ist es genauso. Wie bei den bisherigen Beispielen gibt es solche Erfahrungen, die wir uns bei der Erziehung zunutze machen können und solche, die sich ungünstig auswirken. Mit unangenehmen Erfahrungen sind jedoch keine Schmerzen oder körperliche Gewalt gemeint. Heilsam wirken unangenehme Erfahrungen beispielsweise hier:

Situation 1: Der Vierbeiner läuft zu weit voraus. Sie verstecken sich oder kehren ohne Ansage um. Irgendwann fällt es dem Vierbeiner auf.

TIPP

VORHER GUT ÜBERLEGEN

Bevor Sie auf ein Verhalten Ihres Hundes reagieren, sollten Sie kurz überdenken, ob Sie es gut finden oder nicht. So vermeiden Sie, etwas zu fördern, das Sie eigentlich gar nicht wollen. Mit der Zeit werden Sie ein gutes Gespür dafür bekommen und nicht mehr lange überlegen müssen. Besprechen Sie das – auch dem Hund zuliebe – in der Familie, damit es möglichst jeder berücksichtigt.

Das lernt der Hund: Hilfe, wo ist Frauchen/Herrchen? Ein doofes Gefühl, hier so allein! Jetzt muss ich sie/ihn aber schnell finden und in Zukunft im Auge behalten!

Situation 2: Sie rufen den Vierbeiner zu sich, er reagiert nicht gleich. Statt nochmal zu rufen, laufen Sie sofort weg oder verstecken sich.
Das lernt der Hund: Frauchen/Herrchen ist weg! In Zukunft komme ich besser gleich, wenn sie/er ruft.

Situation 3: Der Hund entert immer wieder mal unerlaubt das Sofa, wenn er unbeaufsichtigt ist. Sie verteilen Besenstiele, schwere Bücher und Ähnliches darauf.
Das lernt der Hund: Hier ist es ja total unbequem. Überall drückt was. Ich lege mich nicht mehr auf das Sofa.

Situation 4: Sie rufen den Hund aus dem Garten ins Haus. Er schaut zwar, kommt aber nicht. Sie gehen ins Haus und schließen die Tür.
Das lernt der Hund: Jetzt bin ich ausgeschlossen, das will ich nicht! Nächstes Mal komme ich besser gleich.

Kontraproduktiv sind negative Erfahrungen aber beispielsweise in diesem Zusammenhang:

Situation 1: Ihr Vierbeiner kommt erst auf mehrmaligen Ruf, worüber Sie sich ärgern. Sie gehen drohend auf ihn zu, als er fast bei Ihnen ist, und schimpfen ihn.
Das lernt der Hund: Komme ich, wenn mein Zweibeiner mich ruft, ist dicke Luft! Dann bleib ich lieber weg.

Situation 2: Der Vierbeiner hat etwas Unappetitliches oder Unerlaubtes im Maul. Sie stürzen unter bösem »Pfui« und »Aus« auf ihn zu.
Das lernt der Hund: Oh, das sieht nach viel Ärger aus – nichts wie weg! Meine Beute nehme ich mit!

LERNEN DURCH GEWÖHNUNG

Wenn ein Hund lernt, dass eine bestimmte Situation oder ein Geräusch keinerlei Auswirkung auf ihn hat, wird er solche Reize nicht mehr beachten. Sie werden für ihn normal. Das ist vielfach wichtig und positiv:

Situation 1: Der junge Hund erschrickt im Garten, als ein Nachbar die Rollläden öffnet oder schließt. Es passiert daraufhin weder etwas Negatives noch etwas Positives, und er hört das Geräusch jeden Tag wieder.
Das lernt der Hund: Das Geräusch kenne ich schon. Es hat nichts mit mir zu tun. Also ignoriere ich es einfach.

Stellt der Hund im Garten die Ohren auf Durchzug, wenn er gerufen wird, nervt das so manchen Hundehalter.

Situation 2: Sie lassen Ihren Hund an der Leine grundsätzlich nicht zu Artgenossen. Im Lokal ist am Nebentisch ein Hund, der zu Ihrem will. Er zieht und winselt.
Das lernt der Hund: Da kann ich ganz entspannt bleiben, es gibt an der Leine sowieso nie Kontakt oder gar Spiel.

Doch Gewöhnung kann sich zum Beispiel in der Kommunikation mit dem Vierbeiner auch negativ auswirken. Das passiert unbewusst:

Situation: Sie reden sehr viel mit dem Hund, erklären ihm Dinge oder erzählen ihm Ihre Erlebnisse.
Das lernt der Hund: Dieses dauernde Nebengeräusch sagt mir nichts, also beachte ich es nicht weiter.

LERNEN DURCH VERKNÜPFUNG

Wenn ein bestimmtes Ereignis oder ein Verhalten mit immer demselben Signal kombiniert wird, lernt der Hund die Bedeutung dieses Signals:

Einmal rufen und dann Tür zu: Das wirkt oft Wunder – vorausgesetzt, dem Hund ist sein Mensch prinzipiell wichtig.

Situation 1: Ihr Hund darf jedes Mal Ihren leeren Joghurtbecher ausschlecken. Bei den letzten Löffeln und damit immer kurz bevor der Hund dran ist, entsteht ein Kratzgeräusch am Boden des Joghurtbechers.
Das lernt der Hund: Ah, da ist wieder dieses Geräusch! Nichts wie hin, gleich darf ich den Becher auslecken!

Situation 2: Sie arbeiten vormittags am PC. Immer wenn Sie fertig sind schalten Sie ihn aus, wobei der PC ein typisches Geräusch macht. Anschließend steht stets ein Spaziergang mit dem Hund auf dem Programm.
Das lernt der Hund: Oh, der PC fährt herunter, gleich geht es raus!

Situation 3: Sie ziehen Ihr Bürooutfit an und machen sich bereit, um gleich ohne Ihren Vierbeiner die Wohnung zu verlassen.
Das lernt der Hund: Das heißt, zu Hause bleiben. Jetzt sind ein paar Stunden Ruhe und Dösen angesagt.

DIE BELOHNUNG

Hat der Vierbeiner etwas gut gemacht, freuen wir uns. Unsere Freude drückt sich auch dadurch aus, dass wir ihn ausgiebig loben. Das ist ausgesprochen wichtig, da der Hund, wie Sie wissen, besonders gern das macht, was ihm etwas bringt. Soll der Vierbeiner bestimmte Dinge können, brauchen Sie Belohnungen in zwei Bereichen: Um eine neue Übung zu lernen, motivieren Sie ihn mit einem leckeren Happen, die gewünschte Position einzunehmen. Hat er eine Übung schließlich gelernt, wird der Hund immer mal wieder belohnt, um seine Motivation zu erhalten. Doch wie und wann belohnen Sie Ihren vierbeinigen Freund richtig?

WIE BELOHNEN?

»Natürlich mit Leckerbissen«, denken Sie jetzt wahrscheinlich. Futter ist tatsächlich eine der besten Belohnungsarten, denn die meisten Hunde fressen gern, und man kann es gezielt im richtigen Moment geben. Doch Happen ist nicht gleich Happen. Folgende Voraussetzungen garantieren den Erfolg:

- Das Leckerchen muss dem Hund wichtig sein.
- Er darf den Bauch nicht voll haben.
- Belohnungshappen werden, wie der Name schon sagt, verwendet, um den Hund gezielt zu belohnen.
- Am besten sind in der Regel kleinere, weiche Happen geeignet.

Beispiel: Die Übung »Sitz« richtig belohnen

Lassen Sie uns am Beispiel dieser Übung einen Blick darauf werfen, was beim Hund wie ankommt:
Sie möchten dem Vierbeiner »Sitz« beibringen und halten ihm ein leckeres Häppchen über den Kopf, damit er hochschaut und sich so irgendwann letztlich setzt (→ Übung »Sitz«, Seite 66).
Das denkt der Hund, wenn der Happen lecker ist, wenn er Hunger hat und wenn er Leckerbissen nicht grundlos bekommt: Den Happen möchte ich unbedingt! Ich probiere aus, wie ich an ihn rankomme – so lange, bis ich ihn endlich ergattert habe.
Das denkt der Hund, wenn der Happen zu »gewöhnlich« ist: Nicht gerade berauschend dieser Happen, aber ich probier mal kurz, ob ich ihn bekomme. Hat nicht gleich geklappt – dann beschäftige ich mich mal besser mit etwas Interessantem.
Das denkt der Hund, wenn er satt ist: Eigentlich ein leckerer Happen! Aber ich bin satt, das Leckerchen interessiert mich jetzt nicht.
Das denkt der Hund, wenn er auch ohne »Leistung« Leckerchen bekommt: Netter Happen! Aber solche Leckereien bekomme ich ja sowieso zwischendurch immer. Warum soll ich mich da abmühen? Ich beschäftige mich jetzt lieber mit etwas anderem.

WELCHE BELOHNUNG?

Sie können sich sicher gut vorstellen, dass Trainingsversuche mit einer Belohnung, die dem Hund zu wenig oder nichts wert ist, vergebliche Liebesmüh sind – vorausgesetzt, man will über positive Motivation üben und nicht mit Zwang, etwa den Hund zum Sitzen bringen, indem man sein Hinterteil nach unten drückt.

Leckerbissen

Probieren Sie also aus, was Ihrem Vierbeiner besonders gut schmeckt. Für den einen sind banale Trockenfutterpellets Highlight genug, ein anderer steht auf Käse- oder Fleischstückchen, wieder ein anderer auf Apfelstücke. Die Bandbreite ist groß. Die meisten Hunde haben mehrere Lieblingsleckerchen, unter denen es trotzdem noch besondere Favoriten gibt. Diese Favoriten setzen Sie gezielt ein, wenn ...

- ... Sie eine Übung zurzeit als besonderen Schwerpunkt trainieren, zum Beispiel, weil sie gerade etwas unzuverlässig klappt.
- ... der Verbeiner etwas besonders gut gemacht hat, etwa trotz verführerischer Ablenkung auf Ruf sofort zu Ihnen gekommen ist.

Andere Formen der Belohnung

Neben Fressbarem gibt es aber noch andere Arten der Belohnung. Im Prinzip kann man als Belohnung alles einsetzen, was dem Hund wichtig (!) ist:

- Streicheleinheiten – ruhiges, gleichmäßiges Streicheln.
- Ihre Stimme – freundlicher, »überzeugter« Tonfall.
- Sein Lieblingsspielzeug – zum Beispiel sein Ball.
- Eine bestimmte Tätigkeit – der Hund geht beispielsweise ganz entspannt an lockerer Leine zu einer interessanten Duftmarke, und Sie lassen ihn dort ausgiebig schnüffeln.

Um dem Vierbeiner dadurch etwas Neues beizubringen, dass er von sich aus eine bestimmte Position einnimmt, zum Beispiel beim Sitz, Platz oder Bei-Fuß-Laufen,

Nur wenn besonderes Spielzeug dem Hund nicht ständig zur freien Verfügung steht, bleibt es interessant.

Setzen Sie es gezielt ein. So wirkt es als Belohnung und macht auch Sie für Ihren Vierbeiner »attraktiver«.

brauchen Sie immer gegenständliche Anreize wie Leckerbissen oder ersatzweise Spielzeug.

Regeln beachten

Für nicht fressbare Belohnungen gilt in Bezug auf das, was sie wertvoll macht, im Prinzip das Gleiche wie für Leckerbissen:

- gezielter Einsatz,
- nicht ständig verfügbar sein,
- interessant genug sein.

Das bedeutet bei einem spielbegeisterten Vierbeiner, dass das Belohnungsspielzeug nicht herumliegt, sondern weggeräumt ist und nur zum Training herausgeholt wird. Es bedeutet aber auch, dass der Hund grundsätzlich nicht den ganzen Tag mit Spielzeug »bespaßt« wird. Streicheleinheiten wirken dann belohnend, wenn der Vierbeiner Körperkontakt genießt und nicht übermäßig und andauernd einfach so gestreichelt wird. Lob mit der Stimme wirkt nur dann, wenn er nicht den ganzen Tag »vollgesülzt« wird. Wählen Sie also die Art der Belohnung, die einerseits vor allem für Ihren Vierbeiner etwas Tolles ist, andererseits aber von Ihnen und in der Familie gut umgesetzt werden kann. Eine Familienkonferenz, bei der sich alle über die richtige Belohnungsart einig werden, kann hier nützlich sein.

WANN BELOHNEN?

Mindestens so wichtig wie die ideale Art der Belohnung ist der optimale Zeitpunkt. Denn Lob verbindet der Hund stets mit dem, was er zuletzt getan hat. Hier ein paar Beispiele dafür, wie leicht man unbewusst das Falsche belohnt – so kann der Hund das, was man eigentlich wollte, nicht lernen:

Situation 1: Sie üben das Gehen bei Fuß, halten das Leckerchen aber so hoch, dass der Hund springen muss. *Belohnt wird das Hochspringen* statt das ruhige Bei-Fuß-Laufen.

Situation 2: Der Hund sitzt. Als Sie ihm das Häppchen geben, steht er auf.
Belohnt wird das Aufstehen statt das ruhige Sitzen.

Situation 3: Sie üben mit dem jungen Hund das Kommen auf Ruf und verlangen dann gleich noch, dass er sich vor Ihnen setzt, was er aufs dritte Mal dann macht.
Belohnt wird das Sitzen statt das Ankommen bei Ihnen.

Situation 4: Sie üben mit dem Welpen das Kommen auf Ruf. Er ist bei Ihnen angekommen. Während Sie in der Tasche nach der Belohnung kramen, schnüffelt der Welpe am Boden herum und buddelt. Jetzt haben Sie den Happen und geben ihn dem Welpen.
Belohnt wird in diesem Fall das Buddeln statt das Ankommen bei Ihnen.

Situation 5: Sie trainieren, dass der Hund an einer bestimmten Stelle liegen bleibt, wenn Sie weggehen. Auf dem Rückweg zu ihm holen Sie den Leckerbissen aus der Tasche, der Hund kommt Ihnen auf dem letzten Meter entgegen und holt sich das Leckerli ab.
Belohnt wird das Aufstehen statt ruhiges Liegenbleiben.

Situation 6: Ihr Vierbeiner spielt an der Leine angeleinten Artgenossen gegenüber den »Macho«. Sie streicheln ihn und reden beruhigend auf ihn ein.
Belohnt wird sein pöbeliges Verhalten statt das ruhige Vorbeigehen.

Deshalb gibt es jetzt noch ein paar Beispiele für den richtigen Zeitpunkt:

Situation 1: Sie lassen den Hund, der schon »Sitz« kann, sitzen und möchten die Übung allmählich ausdehnen. Nun warten Sie eine Zeit lang und geben ihm erst dann und noch im Sitzen den Happen.
Belohnt wird dadurch das Sitzen über einen längeren Zeitraum.

INFO

BELOHNEN – ABER RICHTIG

Bei der Belohnung mit Leckerbissen kommt es auf den guten Geschmack an und darauf, dass sich dieses »Geschmackserlebnis« rasch einstellt. So liegen Verhalten und Belohnung zeitlich dicht beieinander. Sind die Happen klein und relativ weich, ist es ideal. Der Hund kann sie rasch und in allen Positionen gut schlucken. Auch zu bedenken: die Menge an Futter, die beim Training zusammenkommt. Zu viele Happen machen dick. Berücksichtigen Sie die Belohnungshappen bei der täglichen Futterration.

JACKPOT

Besondere Leistungen verdienen eine besondere Belohnung. Sehr gut sind dafür gleich mehrere Leckerbissen auf einmal. Das heißt, der Hund bekommt alle leckere Häppchen zusammen aus der Hand, nicht nacheinander.

KEINE HARTEN HAPPEN

Zu große und harte Häppchen haben zwei Nachteile. Muss der Vierbeiner sie erst eine Zeit lang kauen, lenkt ihn das zu sehr ab. Das Schlucken erfolgt so spät, dass das zu belohnende Verhalten zu lange her ist. Ist der Leckerbissen zu groß, kann der Hund ihn im Platz noch fressen, im Sitzen wird's mühsam.

Rechtzeitiges Anleinen bei verführerischer Ablenkung und Üben in der Nähe ist in doppelter Hinsicht nützlich.

Situation 2: Sie legen den Vierbeiner ins Platz. Zur Belohnung legen Sie ihm den Happen in den Bereich der Vorderpfoten. So frisst der Hund ihn im Liegen.
Belohnt wird das Platz.

Situation 3: Sie rufen den jungen Hund und halten den Happen schon vor sich in der Hand. Der Vierbeiner kommt angeflitzt und frisst gleich seinen Leckerbissen.
Belohnt wird das schnelle Kommen.

RICHTIG KORRIGIEREN

Läuft alles wie gewünscht, ist es einfach. Was aber, wenn etwas nicht klappt? Dann ist guter Rat manchmal teuer. Pauschalrezepte gibt es leider nicht.
Entwickeln Sie mit der Zeit ein Gespür dafür, welche Strategie wann geeignet ist. Grundsätzlich sollte es möglichst wenig direkte Konflikte geben. Manche Probleme erledigen sich mit der Zeit von selbst, in anderen Situationen oder je nach eigener Tagesform kann Management besser sein als andere Formen der Einwirkung. Auch das Ignorieren ist eine Option (→ Info, Seite 36). Es kann aber auch mal notwendig sein, körpersprachlich oder mit der Stimme Grenzen zu setzen. Das gehört zu einer artgerechten Erziehung, hat aber nur Sinn, wenn es wirkt.
Wie deutlich man werden muss, hängt davon ab, wie feinfühlig und führig oder dickfellig und durchsetzungsbereit der Vierbeiner ist. Zu wenig Souveränität bei einer starken Hundepersönlichkeit stärkt den Hund und verstärkt das Problem. Wer für seinen sensiblen Vierbeiner zu beeindruckend auftritt, schüchtert ihn ein und beeinträchtigt sein Vertrauen. Sie müssen Ihren Hund also sehr gut einschätzen können.
Im Folgenden finden Sie einige Beispiele zu unterschiedlichen Strategien in verschiedenen Situationen als Anregung und Denkanstoß.

Konfliktherde entschärfen

- Nehmen Sie den Hund rechtzeitig an die Leine, damit er Besucher nicht anspringen kann, anstatt ihn für das Anspringen zu »beschimpfen«.
- Zäunen Sie beispielsweise Beete einige Monate ein, anstatt den Hund fürs Buddeln zu tadeln.
- Beißt der Vierbeiner oft in die Leine, präparieren Sie sie mit etwas, was ihm nicht schmeckt, oder verwenden Sie eine Zeit lang eine Kettenleine, anstatt jedes Mal auf Konfrontation zu gehen.
- Ist der Hund total überdreht oder schaukelt er sich auf, bringen Sie ihn kommentarlos (nicht verärgert!) zur Beruhigung in seine Box, anstatt auf Konfrontationskurs zu gehen.
- Ihr übermütiger Welpe »beißt« Sie morgens in die nackten Füße, sobald Sie diese aus dem Bett strecken? Legen Sie sich eine Portion Happen ins Nachtkästchen und werfen Sie eine halbe Handvoll von sich weg auf den Boden, bevor (!) der Welpe an Ihren Füßen ist. So lenken Sie seinen Fokus um, und das Problem erledigt sich nach einiger Zeit von selbst.

Grenzen setzen

- Der Hund soll akzeptieren, in der Box zu bleiben. Der Hund befindet sich in der Box, Sie setzen sich vor die offene Box. Sie beschränken nun aktiv seinen Bewegungsradius. Ist er an der Öffnung und möchte heraus, schieben Sie ihn mit Ruhe so oft kommentarlos zurück, bis er nachgibt und sich entspannt. Nach ein, zwei Minuten gehen Sie dann weg und geben so den Bereich vor der Box frei. Nun kann der Hund wieder heraus, wenn er will.
- Ihr Welpe setzt beim Spielen die Zähne zu fest ein. Sie korrigieren mit Körpersprache und Stimme. Das heißt, Sie »erstarren« in der Bewegung und räuspern sich »knurrig« in dem Moment, in dem der Hund Sie zwickt. Das reicht bei vielen Vierbeinern aus, um sie zur Räson zu bringen.
- Der Vierbeiner zappelt gern, wenn Sie ihn am Halsband halten oder ihn mal hochheben müssen (bei kleineren Hunden). Halten Sie ihn, ohne etwas zu sagen, so lange fest, bis er sich ruhig hält. Erst dann lassen Sie los oder setzen ihn wieder auf den Boden.
- Der Hund kaut am Tischbein und lässt sich nicht durch Kaustange oder Spielzeug ablenken. Knurriges Räuspern kann auch hier helfen. Reicht das nicht, können Sie ihn wegschieben.
- Sie sprechen den Hund an, um seine Aufmerksamkeit zu bekommen, und er reagiert nicht. Stupsen Sie ihn an. So merkt er, dass Sie da sind.

Eine Übung funktioniert nicht

- Sie sagen »Sitz«, der Hund reagiert aber nicht. Schaut er ganz woanders hin, stupsen Sie ihn an, damit er bemerkt, dass Sie seine Aufmerksamkeit wollen, und wiederholen Sie das Kommando »Sitz«, sobald er sich auf Sie konzentriert.
- Der Vierbeiner liegt neben Ihnen im Platz, steht aber ohne Erlaubnis auf. Schon wenn er mit dem Aufstehen beginnt, bremsen Sie ihn durch leichten Druck auf den Schulterbereich und wiederholen das Kommando. Warten Sie nicht, bis Ihr Vierbeiner aufgestanden ist und etwa am Boden schnüffelt. Es dauert sonst viel zu lange, bis er wieder in der richtigen Position ist.
- Funktioniert eine Übung öfter nicht, ist selten mangelnde Kooperation des Hundes der Grund. Entweder ist ihm die Übung noch zu schwer, oder der Aufbau passte nicht. Vereinfachen Sie die Übung oder gehen Sie zunächst ein paar Übungsschritte zurück.

TIPP

WAS SIE NICHT TUN SOLLTEN

Nichts verloren beim Korrigieren haben Hektik und Nervosität, Schimpfen oder Anschreien und natürlich körperliche Einwirkungen wie Schlagen oder starke Leinenrucke. Das gilt auch für stundenlanges Ignorieren, etwa aus Ärger über einen kaputten Schuh. Da fehlt jeder Zusammenhang zum Verhalten. Den Hund »zur Strafe« anzuleinen oder den Spaziergang abzubrechen, ist wirkungslos.

2. DIE PRAXIS

DAS OPTIMALE TRAINING

VORBEREITUNGEN

Die Theorie ist geschafft! Nun geht es ans Üben. Doch auch für die Praxis sind ein paar Vorbereitungen und Überlegungen nötig, damit das Training möglichst optimal läuft. Denn ob die Basics letztlich sitzen und im Alltag funktionieren, hängt ganz wesentlich davon ab, wie systematisch, exakt und schrittweise Sie mit dem Vierbeiner arbeiten.

Gerade vermeintliche Kleinigkeiten haben oft eine große Wirkung! Alles, was Sie jetzt an Zeit, durchdachtem Aufbau und guter Planung investieren, macht das Zusammenleben mit dem Hund im Alltag für ihn und für Sie einfacher und stressfrei.

NEHMEN SIE SICH ZEIT

- Beim Training mit dem Hund sollten Sie konzentriert und gelassen sein. Üben Sie, wenn Sie genug Zeit und Muße haben und sich wohlfühlen. Also nicht noch schnell, schnell ein paar Übungen, wenn man eigentlich schon auf dem Sprung ist oder die Kinder gleich aus der Schule kommen.
- Lassen Sie die Trainingsstunde besser ganz ausfallen, wenn Sie einen besonders stressigen Tag vor sich haben oder einfach schlecht drauf sind.
- Lieber weniger, dafür unter idealen Bedingungen üben als viel und schlampig oder gestresst!

DEN HUND NICHT ÜBERFORDERN

- Welpen können sich nur wenige Minuten am Stück konzentrieren. Besser sind mehrere kurze Einheiten als eine lange. Mit der Zeit steigt die Konzentrationsfähigkeit. Ein erwachsener Hund schafft auch eine halbe Stunde ohne Probleme. Beenden Sie das Training stets, bevor die Konzentration des Vierbeiners schlappmacht.
- Üben Sie eine neue Übung nur extra oder in Kombination mit bereits Bekanntem.
- Wiederholen Sie eine Übung in einer Trainingseinheit nicht öfter als zwei-, dreimal.
- Beginnen und beenden Sie das Training mit einer Übung, die sehr gut klappt. Letzteres besonders auch dann, wenn etwas gar nicht geklappt hat.
- Gehen Sie bei einer Übung erst dann einen Schritt weiter, wenn die Stufe davor sitzt.
- Klappt etwas auch nach mehreren Anläufen nicht, gehen Sie ein, zwei Schritte zurück und bauen die Übung noch mal auf.
- Wenn eine Übung gar nicht klappt, hilft es oft, mit dieser Übung ein paar Tage oder auch länger zu pausieren und danach neu zu beginnen. Überdenken Sie in dieser Zeit auch noch mal, ob sich im Aufbau eventuell irgendwo ein Fehler eingeschlichen hatte.

DIE TRAININGSBEDINGUNGEN

- Gerade für Neulinge ist es empfehlenswert, sich vor dem Üben das, was man trainieren möchte, im Buch nochmal durchzulesen. Dann übersieht man nichts Wichtiges.
- Sorgen Sie besonders am Anfang für eine ruhige und stressfreie Umgebung. Neues üben Sie die erste Zeit nur zu Hause.
- Leinen Sie den Hund zum Üben stets an (außer bei Rückruf und Im-Radius-Bleiben), auch im Haus. Zumindest, solange er noch nicht so routiniert ist und wenn Sie etwas Neues üben. Denn leicht kann ihn ein Geruch oder ein Geräusch ablenken. Rasch ist so die Konzentration dahin und ohne Leine womöglich auch der Hund »verschwunden«.
- Richten Sie sich genügend Belohnungshappen her. Diese werden vor dem Training schnauzengerecht portioniert.
- Üben Sie nie direkt nach dem Füttern. Denn das Sprichwort »Ein voller Bauch studiert nicht gern« gilt auch für den Vierbeiner. Außerdem sind Belohnungshappen nach der vertilgten Futterration kein wirkliches Highlight mehr für ihn. Das wäre besonders für eine neue oder noch nicht gefestigte Übung nicht gerade förderlich.

DAS TRAINING IM ALLTAG

Für einigermaßen regelmäßiges Üben brauchen Sie weder viel zusätzliche Zeit noch ein besonderes Equipment. Denn Sie beschäftigen sich ja ohnehin mit dem Vierbeiner. Sie müssen lediglich an die zuvor beschriebenen Punkte denken. Sie werden sehen, es lohnt sich und macht Spaß! Natürlich sollte auch der Vierbeiner guter Stimmung sein. Nicht nur wir, sondern auch Hunde können mal einen schlechten Tag haben.

FEINHEITEN BEIM ÜBEN

- Bringen Sie Ihrem Hund eine neue Übung bei, motivieren Sie ihn mithilfe eines Häppchens in die entsprechende Position. Beim »Sitz« etwa wird ihn ein über den Kopf gehaltener Happen letztlich dazu bringen, sich zu setzen. Erst in dem Moment, in dem der Vierbeiner die gewünschte Position eingenommen hat, kommt Ihr verbales Signal. Nicht vorher! Denken Sie daran – der Hund versteht unsere Sprache nicht!
- Belohnen Sie den Hund, während er exakt in der gewünschten Position ist. Also beim Sitzen, solange noch alle vier Pfoten plus Hinterteil auf dem Boden sind. Nicht, wenn der Hund schon im Aufstehen ist.
- Belohnen Sie immer am Ende der Übung. Üben Sie beispielweise, dass der Hund länger sitzen bleibt, gibt es die Belohnung auch erst am Ende dieser Zeitspanne. Nicht schon, wenn er sich gerade hingesetzt hat.
- Lassen Sie den Hund eine Übung immer genau gleich ausführen. Wenn Sie ihn zum Beispiel mit dem Rückrufsignal rufen, muss er, sobald er alle drei »Bausteine« kann, immer ganz zu Ihnen kommen und sich vor Sie setzen (→ Seite 53). Anschließend lassen Sie ihn immer bei Fuß sitzen. Es reicht also auch nicht, auf dieses Kommando nur so etwa in Ihre Nähe zu kommen, sich nicht vor Sie zu setzen oder danach gleich wieder loszulaufen. Nur wenn Sie es genau nehmen, kann Ihr Vierbeiner eine Übung richtig lernen. Nur dann klappt sie auch zuverlässig.
- Überlegen Sie vor Beginn des Trainings, welche »Fehlerquellen« es im Umfeld geben könnte, und vermeiden Sie diese vorausschauend gleich im Vorfeld. Angenommen, Ihr Hund liebt es, einem Ball hinterherzujagen. Dann üben Sie mit dem »Anfänger« kein »Bleib« ohne Leine, wenn in der Nähe Kinder Fußball spielen, und sorgen Sie für genügend Abstand.
- Eine große Rolle spielt auch Ihre innere Einstellung. Sind Sie überzeugt von dem, was und wie Sie etwas trainieren, wirken Sie sicher, und so kommt Ihre Botschaft beim Hund klar an.

JEDE ÜBUNG AUFLÖSEN

- Haben Sie dem Vierbeiner ein Kommando gegeben, müssen Sie es auch wieder auflösen. Das ist ausgesprochen wichtig, wird aber häufig vergessen. Ist der Hund jedoch nicht daran gewöhnt, wird er seine Übungen selbst beenden. Er kann so auch gar nicht anders. Dann kann es passieren, dass er aus Ihrem »Sitz« genau in dem Moment aufspringt, in dem der Radfahrer an ihm vorbeifährt. Obwohl Sie eigentlich wollten, dass der unbehelligt passieren kann.
- Schließt sich an eine Übung eine weitere an, ist die erste dadurch beendet. Sagen Sie beispielsweise zum sitzenden Hund »Platz«, wird das »Sitz« durch das »Platz« beendet.
- Hat der Hund nach einer Übung »frei«, schließt sich keine andere direkt an, beenden Sie sie durch ein immer gleiches Auflösungssignal, etwa »Fertig« – kombiniert mit einer schwungvollen Bewegung.
- Der Vierbeiner muss dann aber weder loslaufen, noch muss er abgeleint werden. Er kann sich wälzen, alle viere in die Höhe strecken, aber auch sitzen bleiben oder was auch immer.

SO FUNKTIONIERT DER ÜBUNGSTEIL

Auf den folgenden Seiten finden Sie die Übungen, die sozusagen zum Pflichtprogramm jedes vierbeinigen Begleiters gehören. Es sind immer solche Übungen in Gruppen zusammengefasst, die sich in bestimmten Punkten ähnlich sind. Diese Gemeinsamkeiten und anderes Wichtige werden jeweils in einer kurzen Einleitung am Anfang erläutert.

- Zu jeder Übung erfahren Sie, was das Ziel ist und in welchen Situationen sie beispielsweise nützlich ist.
- Danach folgt eine übersichtliche Schritt-für-Schritt-Anleitung mit anschaulichen Illustrationen. Sie zeigt Ihnen, in welchen Schritten Sie die Übung aufbauen.
- Außerdem erfahren Sie, wie Sie eine Übung ausbauen können, wenn der Vierbeiner sie erst mal verstanden hat und beherrscht.

DIE ÜBUNGEN **KOMMEN** UND **IM RADIUS BLEIBEN**

Diese beiden Dinge sind sehr wichtige Voraussetzungen für entspannte und konfliktfreie Spaziergänge ohne Leine. Denn kommt der Hund sofort, wenn Sie ihn rufen, und bleibt unterwegs von selbst in Ihrer Nähe, kann fast nichts mehr schiefgehen. Egal, ob Sie auf Freizeitsportler, ängstliche Spaziergänger oder andere Hundebesitzer treffen.

GÜLTIG FÜR BEIDE ÜBUNGEN

1. Je entschlossener Sie sich bewegen, umso überzeugender wirken Sie auf den Hund.

2. Je flotter Sie sich unterwegs von ihm entfernen, wenn er Sie überholen möchte, sein Radius zu groß wird oder Sie ihn rufen, umso besser wird er in Ihrer Nähe bleiben und umso schneller wird er auf Ihren Ruf hin kommen. Denn er möchte ja den Anschluss nicht verlieren. Beim Rückruf verschwinden Sie gleichzeitig mit oder direkt nach dem Kommando. Wird der Radius zu groß, verschwinden Sie stumm.

3. Wie deutlich Sie Ihre Souveränität und Entschlossenheit zeigen müssen, hängt auch von Ihrem Vierbeiner ab. Besitzer expansionsfreudiger Exemplare und solcher, die sich leicht von allen möglichen Dingen ablenken lassen, sind hier mehr gefordert. Hunde, die von sich aus schon mehr auf ihren Menschen fokussiert sind, machen es ihrem Zweibeiner dagegen einfacher.

4. Egal, ob der Hund auf Ruf kommt oder in Ihrem Radius bleibt – bei beidem bewegt der Vierbeiner sich flott. Daher klingt der Rückruf immer »mitreißend«. Braucht der Hund bei der Radius-Übung zu Beginn noch etwas stimmliche Motivation, klingt Ihr Tonfall daher ebenfalls mitreißend.

WICHTIG BEIM RÜCKRUF

Der komplette Ablauf besteht letztlich aus drei Teilen: Der Hund läuft zu Ihnen. Dort setzt er sich dicht vor Sie. Dadurch wird der Blickkontakt auf Sie gerichtet und zu einer eventuellen Ablenkung wie Wild, einem anderen Hund usw. unterbrochen. Anschließend nehmen Sie den Hund bei Fuß und lassen ihn an Ihrer Seite sitzen. Doch das »Sitz« wird erst dann dazu kombiniert, wenn der Hund es beherrscht. Genauso ist es mit dem anschließenden An-die-Seite-Kommen.
Wichtig ist aber auch bis dahin, dass der Hund, wenn er zu Ihnen gekommen ist, immer so lange bei Ihnen bleibt und festgehalten wird (auch mit Anleinen), bis Sie die Übung auflösen.
Er soll sich also nicht nur den Happen abholen und dann »tschüs« ... Das ist nicht Sinn des Rückrufs. Denn der Hund wäre nämlich schon bald rasch wieder dort, von wo Sie ihn abgerufen haben.
Sind Sie beim Rufen weggelaufen und ist der Hund daraufhin gekommen, ist es eigentlich auch schon eine Belohnung, dass er den Anschluss an Sie nicht verloren hat. Da Sie beim Rückruf aber einen ganz bestimmten Ablauf festigen wollen, gibt es eine Belohnung, um das Ankommen direkt bei Ihnen, letztlich kombiniert mit Sitzen usw., zu bestätigen.

WICHTIG BEI »IM RADIUS BLEIBEN«

Zu vermeiden, Sie aus den Augen zu verlieren, ist für viele Vierbeiner eine größere Motivation als ein Belohnungshappen. Deshalb brauchen Sie keinen Belohnungshappen oder sonstige Belohnung, wenn der Vierbeiner zu weit weg war und Sie deshalb nach Ihrem »heimlichen« Richtungswechsel erst mal suchen musste. Gehen Sie daher flott weiter, sobald Sie merken, dass Ihr Hund Sie gesehen hat.

ÜBUNG 1

AUF RUF KOMMEN

TRAININGSPLAN

LEVEL A
Mindestens bei jeder Fütterung, etwa eine Woche.

LEVEL B
Etwa dreimal täglich, mindestens eine Woche.

LEVEL C
Zweimal täglich, mehrmals die Woche, ein bis zwei Wochen lang.

LEVEL D
Immer wenn es sich anbietet, aber nicht öfter als zwei-, dreimal pro Spaziergang. Danach das Kommen täglich einbauen, wo es auf dem Niveau, auf dem der Hund gerade ist, möglich ist. Lange Zeit dranbleiben und immer genau arbeiten. Denken Sie an den kompletten Ablauf Kommen–Sitzen–Bei-Fuß–Sitzen.

ZIEL

Wenn sein Mensch ruft, kommt der Vierbeiner sofort, schnell und auf direktem Weg. Auch wenn verlockende Alternativen in Reichweite sind. Er setzt sich vor seinen Besitzer, bis der ihn wieder bei Fuß kommen lässt. Dieser Ablauf bleibt immer so, damit er für den Hund selbstverständlich wird. Nur dann haben Sie Ihren Hund auch bei starker Ablenkung gut unter Kontrolle.

NUTZEN

Sobald der Vierbeiner Freilauf genießt, brauchen Sie den Rückruf. Hier nur einige Beispiele:

- Es kommt Ihnen jemand mit einem angeleinten Hund entgegen.
- Sie gehen auf eine Straße zu.
- Sie sehen eine Kindergruppe beim Picknick in der Wiese.
- Wild steht in Sichtweite.

ÜBEN LEVEL A

Üben Sie nur in der Wohnung an unterschiedlichen Stellen oder zusätzlich noch im Garten.

- Ein Helfer hält den Hund am Halsband oder an der Brust fest.
- Sie haben einen leckeren Happen oder den Futternapf in der Hand.
- Damit entfernen Sie sich jetzt schnell einige Meter vom Hund.
- Gehen Sie nun in die Hocke, den Happen in der offenen Hand oder den Napf vor sich, nah am Körper.
- Der Vierbeiner drängt zu Ihnen, nur dann wird er jetzt losgelassen. Sollte er nicht zu Ihnen drängen, so wecken Sie seine Aufmerksamkeit mit etwas »Action« und Ihrer spannenden Stimme.
- Während er auf Sie zustürmt, rufen Sie »Hiiieer«.
- Er ist nun bei Ihnen. Während er zu fressen beginnt, fassen Sie ihn mit der anderen Hand von der Seite am Halsband.
- Lösen Sie die Übung auf.

1

FESTHALTEN

Eine Person hält den Hund, er drängt zu Ihnen. Sie sind ein Stück entfernt in der Hocke, die Hand mit dem Happen ist nah am Körper.

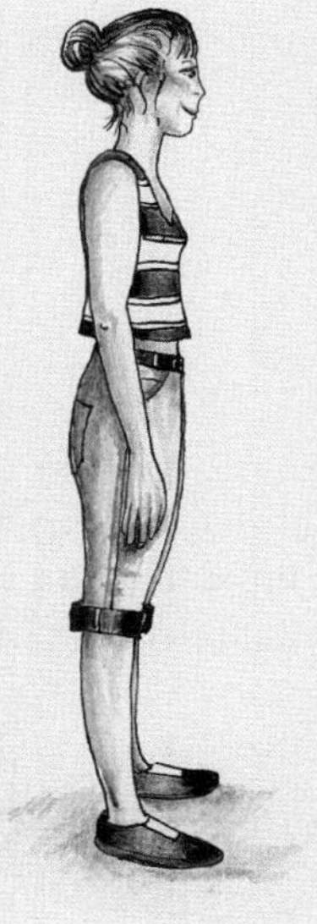

2

LOSLASSEN

Der Hund wird nun losgelassen. Während er unterwegs zu Ihnen ist, rufen Sie »Hier!«.

ÜBEN LEVEL B

Üben Sie an unterschiedlichen Stellen in der Wohnung und im Garten. Der Hund sollte »Sitz« schon können (→ Seite 68). Mit der Übung, den Hund an Ihre Seite zu holen, sollten Sie zumindest schon begonnen haben (→ Seite 88). Falls nicht, kombinieren Sie sie erst dann dazu, wenn der Hund ein wenig damit vertraut ist.

- Der Helfer hält den Hund wieder am Halsband oder an der Brust fest.
- Sie entfernen sich rasch einige Meter vom Hund und gehen in die Hocke.
- Kurz bevor der Hund losgelassen wird, rufen Sie »Hiiieer«.
- Jetzt ist er bei Ihnen. Während (!) er zu fressen beginnt, fassen Sie ihn mit der anderen Hand von der Seite am Halsband.
- Nun lassen Sie ihn sitzen, halten ihn weiter fest und leinen ihn im Sitzen an.
- Er bekommt noch mal eine Belohnung für das Sitzen.
- Dann nehmen Sie den Hund bei Fuß und lassen ihn dort wieder sitzen. Auch dafür gibt es jetzt noch eine Belohnung.
- Anschließend können Sie die Übung beenden.

ÜBEN LEVEL C

Rufen Sie den Hund aus unterschiedlichen Bereichen der Wohnung zu sich. Klappt das, rufen Sie ihn aus der Wohnung in den Garten, dann auch mal umgekehrt.

- Sie sind allein zu Hause, und Ihr Vierbeiner ist mit Dösen, Spielen oder Ähnlichem beschäftigt. Aber er schläft nicht.
- Nehmen Sie ein paar leckere Happen.
- Postieren Sie sich ein paar Meter vom Hund entfernt.
- Nun rufen Sie ihn mit motivierendem »Hiiieer!«.
- Zusätzlich laufen Sie ein paar Schritte rückwärts.
- Er kommt, die offene Hand mit mehreren Happen haben Sie vor sich nah am Körper.
- Er frisst, und währenddessen nehmen Sie ihn am Halsband.
- Sie lassen ihn sitzen, leinen ihn an und belohnen ihn noch mal.
- Nehmen Sie ihn bei Fuß und lassen ihn dort wieder sitzen.
- Beenden Sie die Übung.

ÜBEN LEVEL D

- Sie sind mit dem frei laufenden Hund in ruhiger Umgebung unterwegs.
- Ist er ein paar Meter vorausgelaufen, rufen Sie plötzlich »Hiiieer!«.
- Drehen Sie sich gleichzeitig um und laufen Sie ein paar Schritte weg. Aus dem Augenwinkel schauen Sie, ob der Hund kommt.
- Ist er fast bei Ihnen, drehen Sie sich zu ihm um, die Hand mit den Happen wieder vor sich. Sie können in die Hocke gehen, aber auch normal stehen.
- Sie belohnen den Hund und halten ihn dabei fest.
- Sie lassen ihn sitzen, leinen ihn an, belohnen ihn noch mal und lassen ihn dann bei Fuß sitzen.

Wichtig: Vielleicht setzt Ihr Vierbeiner sich schon automatisch, wenn er bei Ihnen ankommt. Das ist sehr gut. Er bekommt dann nur noch eine Belohnung für das Ankommen und Sitzen in einem.

ANFORDERUNGEN STEIGERN

- Rufen Sie den Hund nach und nach aus größerer Entfernung und auch einmal, wenn er gerade irgendwo schnüffelt.
- Setzt der Hund sich noch nicht automatisch vor Sie hin, festigen Sie das. Sie rufen ihn im Stehen und klopfen sich mit beiden Händen (samt Happen) auf den Bauch, während er im »Anflug« ist. Sobald er da ist, heißt es »Sitz«. Erst jetzt bekommt er eine Belohnung. Während er sie frisst, leinen Sie ihn an, nehmen ihn bei Fuß und lassen ihn dort sitzen. Je nach Umgebung darf er erst jetzt wieder frei laufen oder er bleibt angeleint.

3

BELOHNEN

Bei Ihnen angekommen, gibt es den Happen. Gleichzeitig wird der Hund am Halsband festgehalten.

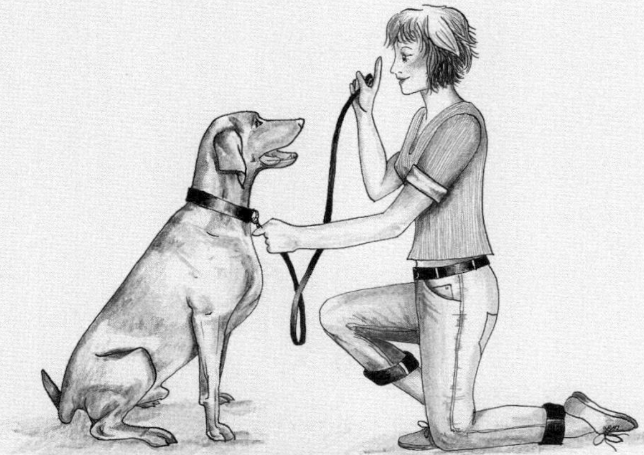

4

ANLEINEN

Anschließend wird er im Sitzen angeleint.

5

AUFLÖSEN

Erst dann kann die Übung aufgelöst werden.

- Klappt das alles, rufen Sie ihn, wenn er eine weiter entfernte Ablenkung wahrgenommen hat. Laufen Sie gleichzeitig ein Stück weg.
- Rufen Sie ihn auch mal an »einfachen« Ablenkungen vorbei – zum Beispiel an einem Familienmitglied, das ein Stück entfernt von seinem Weg zu Ihnen steht.
- Rufen Sie nicht mit dem Hörzeichen, wenn Sie schon abschätzen können, dass es nicht wirkt. »Ködern« Sie ihn mit spannender Stimme und laufen Sie weg. Erst wenn der Hund unterwegs zu Ihnen ist, kommt das Hörzeichen.

WAS TUN, WENN ETWAS NICHT KLAPPT?

→ *Der festgehaltene Hund drängt nicht zu Ihnen*: Halten Sie ihm den Happen direkt vor die Nase und laufen Sie dann weg. Jetzt wird der Hund mit Ihnen laufen wollen. Nun schnell in die Hocke gehen – und der Hund wird losgelassen.

→ *Der Hund weicht beim Griff nach dem Halsband aus*: Sie haben erst und rasch nach ihm gegriffen, als er mit dem Happen fürs Kommen schon fertig war und sich wieder mit etwas anderem beschäftigen wollte. Halten Sie den Hund ohne Hektik und gleichzeitig mit dem Belohnen. Greifen Sie nicht von oben nach ihm.

→ *Er bremst zu früh*: Strecken Sie ihm den Arm mit der Belohnung nach vorn entgegen? Dann kann der Hund nicht dicht zu Ihnen kommen. Lassen Sie den Arm direkt vor Ihrem Körper.

→ *Er läuft seitlich*: Halten Sie den Happen eher seitlich von Ihrem Körper? Er sollte mittig sein. Hat der Hund den Happen nicht wirklich bemerkt? Machen Sie die Übung erst mal mit nur einem Meter Entfernung.

→ *Der Hund kommt nicht, sondern biegt unterwegs ab*: Ist die Belohnung nicht attraktiv genug? Nehmen Sie etwas anderes. Oder lenkt ihn etwas ab? Eine weitere Ursache kann sein, dass er das Hörzeichen noch nicht verknüpft hat. Beginnen Sie wieder bei Level A.

→ *Den Hund korrigieren*: Das ist hier schwierig, denn er ist ja nicht bei Ihnen. Sie können aber weglaufen oder ihn einfach kommentarlos abholen und anleinen (etwa wenn er im Mauseloch buddelt). Oder mit dem Abbruchsignal (→ Seite 128) das unterbrechen, was er gerade tut. Laufen Sie ihm jedoch nicht nach.

TIPP

ÜBEN IN DER FAMILIE

Aus dem Rufen können Sie ein Spiel machen, bei dem alle Spaß haben. Jeder steckt sich ein paar Happen ein. Suchen Sie sich eine Wiese oder einen lichten Wald. Stellen Sie sich so auf, dass der Hund von einem zum Nächsten gerufen werden kann. Der Erste hält ihn fest, der Zweite ruft ihn. Dann hält dieser ihn fest, der Nächste ruft ihn – so lange, bis ihn letztlich wieder der Erste ruft.

FALSCH

DIE BEIDEN HÄUFIGSTEN FEHLER BEIM ÜBEN

Vermeintliche Kleinigkeiten haben oft eine große Wirkung. Beim Kommen auf Ruf schleichen sich zum Beispiel diese beiden Fehler häufig ein.

1

HALSBAND GREIFEN

Sie greifen schnell noch nach dem Halsband, nachdem der Hund seinen Happen gefressen hat. Dann weicht er aus.

2

OHNE VORÜBUNG

Rufen Sie den Hund von Anfang an und ohne Vorübungen unterwegs zu sich, kann er das Kommen unmöglich richtig lernen.

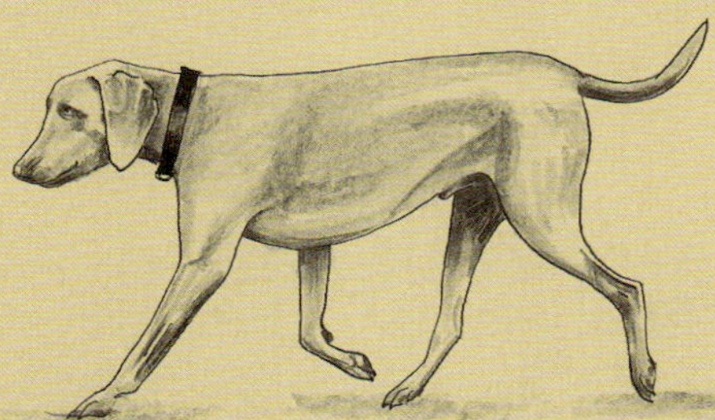

ÜBUNG 2

IM RADIUS BLEIBEN

TRAININGSPLAN

LEVEL A

Am besten üben Sie mindestens einmal täglich. Beim Welpen jeweils nur wenige Minuten. Beim älteren Hund eine Viertel- bis eine halbe Stunde. Etwa eine Woche lang.

LEVEL B

Wie Level A. So lange, bis der Vierbeiner beim Richtungswechsel rasch reagiert, er Sie von selbst gut im Blick behält und immer neben Ihnen stehen bleibt, wenn Sie das tun.

LEVEL C

Bei jedem Spaziergang und bis auf Weiteres. Bleibt der Hund schon immer schön in der Nähe, können Sie das Training auch lockerer nehmen oder auf solche Situationen beschränken, wo noch Übungsbedarf ist.

ZIEL

Der frei laufende Hund bleibt immer in einem nicht zu großen Radius um Sie herum und behält Sie von sich aus im Auge, um den Anschluss nicht zu verlieren. So lässt es sich entspannt mit Vierbeiner spazieren gehen!

Bitte beachten: Wichtige Voraussetzung für diese Übung bzw. für Laufen ohne Leine im Allgemeinen ist, dass der Hund Sie als Hauptbezugsperson sieht. Das ist bei einem Welpen in der Regel schon nach einer Woche der Fall. Wenn Sie dagegen einen älteren Hund übernehmen, kann das jedoch sehr viel länger dauern. Vorsicht mit dem Freilauf auch bei ängstlichen Hunden! Vor allem dann, wenn sie, falls sie sich erschrecken, nicht beim Besitzer Schutz suchen, sondern ihr Heil lieber in der Flucht suchen.

NUTZEN

Das ist immer dann nützlich, wenn der Hund ohne Leine läuft. Vor allem zum Beispiel:

- In unübersichtlichem Gebiet und wenn eventuell mit Wild zu rechnen ist.
- In beliebten Naherholungsgebieten mit hoher Menschen- und Hundedichte.

ÜBEN LEVEL A

Üben Sie alle Stufen in wechselnden, Ihrem Hund unbekannten Gebieten. Üben Sie mit einem Welpen, tragen oder fahren Sie ihn bis zum Freilaufgebiet und wieder zurück. Das gilt auch für Level B und – je nach Alter – auch für Level C.

- Sie suchen sich eine ruhige, gefahrenlose Gegend und legen sich nicht auf eine feste Strecke oder Runde fest.
- Lassen Sie den Hund sitzen, leinen Sie ihn ab und lösen Sie das »Sitz« auf.
- Gehen Sie einige Meter flott, dann kehren Sie ohne etwas zu sagen (!) um und gehen ebenso flott in entgegengesetzter Richtung weiter.

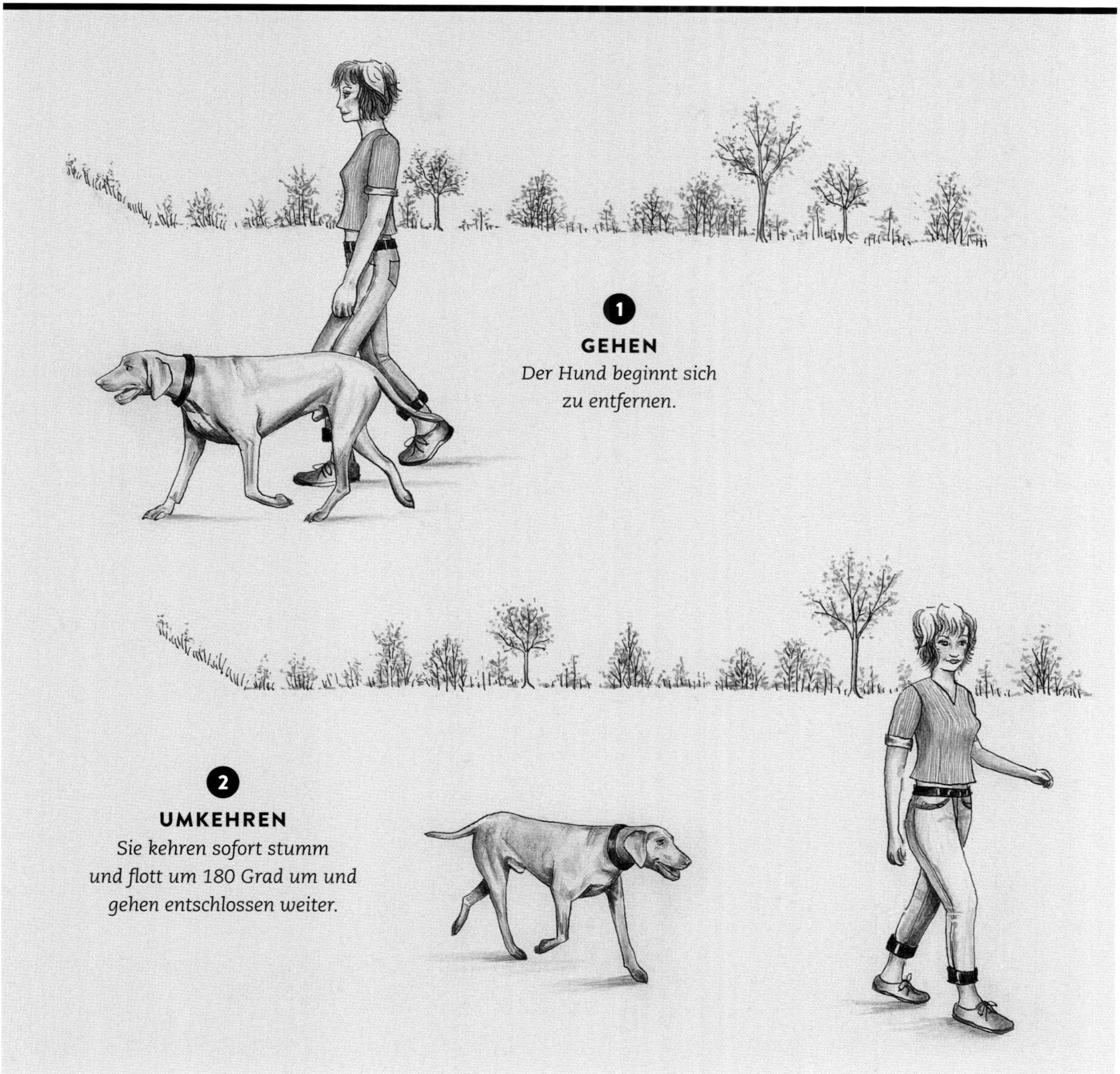

1
GEHEN
Der Hund beginnt sich zu entfernen.

2
UMKEHREN
Sie kehren sofort stumm und flott um 180 Grad um und gehen entschlossen weiter.

- Schauen Sie höchstens aus dem Augenwinkel und ohne langsamer zu werden nach dem Hund.
- Er hat sie eingeholt und läuft jetzt mit Ihnen auf gleicher Höhe.
- Sie gehen stumm weiter.
- Immer wenn der Hund wieder schneller wird und Sie überholen möchte, kehren Sie um.
- Er folgt Ihnen wieder, bleibt hinter Ihnen aber an einer Duftmarke hängen.
- Sie werden abrupt und deutlich schneller.
- Der Vierbeiner ist wieder auf Ihrer Höhe, und Sie werden langsamer.
- Nun leinen Sie ihn an und beenden den Freilauf.

Wichtig: Rennt der Hund bei Punkt 2 mit Volldampf los, schlagen Sie sofort die entgegengesetzte Richtung ein.

ÜBEN LEVEL B

- Sie suchen sich wieder eine ruhige, gefahrenlose Gegend und legen sich nicht auf eine bestimmte Strecke oder Runde fest.
- Ihr Hund bemerkt jetzt deutlich früher, dass Sie umkehren, und sein Radius hat sich verkleinert.
- Er läuft in etwa auf gleicher Höhe, höchstens einen Meter voraus oder ein Stück hinter Ihnen.
- Bleiben Sie nun relativ abrupt und stumm stehen.
- Läuft der Vierbeiner trotzdem einfach weiter, kehren Sie sofort um.
- Bleibt er ebenfalls stehen, loben Sie ihn kurz stimmlich, oder halten Sie ihm Ihre Hand zur kurzen Kontaktaufnahme an die Nase.
- Wiederholen Sie diese Stufe ein paar Mal.
- Dann leinen Sie den Vierbeiner an und beenden damit den Freilauf.

Wichtig: Achten Sie immer auf einen entschlossennen Schritt. So wirken Sie auf Ihren Hund »kompetent«. Sprechen Sie ihn nicht an, ganz besonders auch dann nicht, wenn Sie die Richtung ändern. Wenn Sie nämlich einen Richtungswechsel ankündigen, lernt der Hund nicht, selbst aufzupassen.

ÜBEN LEVEL C

- Nun suchen Sie sich eine Gegend, in der hin und wieder Spaziergänger unterwegs sind und wo es am Wegrand Bewuchs gibt, z. B. Büsche.
- Beginnen Sie, wie gewohnt, mit dem Ableinen.
- Sie sehen weiter entfernt jemanden kommen.
- Beobachten Sie Ihren Hund.
- Läuft er unaufgeregt neben Ihnen, gehen Sie ziemlich flott weiter und mit ein paar Metern Entfernung an dem Passanten vorbei – auch wenn der Vierbeiner kurz überlegt, ob er zum Passanten hinlaufen soll.
- Zeigt der Hund erst bei kürzerer Entfernung zum Passanten eine erhöhte Aufmerksamkeit dorthin, biegen Sie rasch ins Gebüsch ab.
- Hat der Hund Sie dort wiedergefunden, gehen Sie sogleich und ohne etwas zu sagen weiter.
- Möchte er bei erster Wahrnehmung durchstarten, kehren Sie sofort um und laufen in die entgegengesetzte Richtung weg.
- Hat er Sie wieder eingeholt, versuchen Sie erneut auf die Ablenkung zuzugehen.
- Am Ende des Übungsspaziergangs wird der Hund wieder angeleint.

Wichtig: Der Vierbeiner sollte selbstverständlich keinen Passanten belästigen. Schätzen Sie also ab, ob und in welcher Form die Übung gelingen kann. Ist es beispielsweise zu eng oder der Passant gleich zu nah, leinen Sie den Hund vorsichtshalber rechtzeitig an.

ANFORDERUNGEN STEIGERN

- Sobald Ihr Vierbeiner Sie stets gut im Auge behält, können Sie »normal« spazieren gehen, auch im gewohnten Umfeld. Was nicht heißt, dass Sie zwischendurch nicht trotzdem plötzlich mal die Richtung ändern – umkehren oder seitlich vom Weg

3

TEMPO ERHÖHEN

Werden Sie abrupt und deutlich schneller, falls der Hund zurückbleibt und nicht auf Sie achtet.

4

WEITERGEHEN

Er hat wieder aufgeschlossen, und Sie gehen einfach entschlossen weiter.

verschwinden oder einfach nur stehen bleiben, wenn der Hund voraus ist – etwa um das Gelernte am »Köcheln« zu halten oder weil sich gerade eine Situation dafür anbietet.

- Wird der Hund, je nach Typ, wieder zu eigenständig, intensivieren Sie die Richtungswechsel und wechseln Sie auch wieder öfter das Gebiet.
- Wenn Sie einem anderen unangeleinten Hund begegnen, der sich normal verhält, gehen Sie ebenfalls flott und entschlossen weiter. So lernt Ihr Vierbeiner, Sie auch dann nicht auszublenden, wenn er seinesgleichen trifft.

WAS TUN, WENN ETWAS NICHT KLAPPT?

→ *Sie interessieren Ihren Hund nicht:* Das ist beim Welpen eher selten der Fall. Beginnt man jedoch erst jenseits des Welpenalters mit dem Training, kann es durchaus passieren, dass Sie für Ihren Vierbeiner weniger interessant sind.
Gehen Sie möglicherweise nicht entschlossen genug, sondern schlendern Sie eher dahin? Bewegen Sie sich anders? Reden Sie unterwegs mit dem Hund? Wenn er Sie hört, muss er nicht schauen.
In hartnäckigen Fällen packen Sie seine Mahlzeit ein. Zeigen Sie ihm das Futter zu Beginn des Übungsspaziergangs. Hat der Hund dann etwa eine Viertelstunde gut auf Richtungswechsel reagiert, gibt es einen Teil der Mahlzeit. Den nächsten Teil bei der nun folgenden Wiederholung.

→ *Es dauert lange, bis der Hund aufschließt:* Das kann anfangs durchaus sein. Dies wird sich aber ändern, wenn Ihr Vierbeiner erst mal gemerkt hat, worum es geht. Denken Sie daran, sehr entschlossen und zügig zu gehen. Wenn nötig so deutlich, dass man Ihre Schritte sogar hören kann.

→ *Der Hund orientiert sich nicht an Ihnen, weil er abgelenkt ist:* Sie üben in einem Gebiet, das für Ihren Vierbeiner noch zu viele andere Reize bietet. Das können zu viele Passanten oder Hunde sein, aber auch zu viele verschiedene Geräusche. Oder – je nach Vierbeiner – auch ein zu interessanter Waldboden, Enten auf dem Wasser oder »gut« riechende Mülleimer im Naherholungsgebiet.
Suchen Sie sich daher vor allem in der ersten Zeit ein wirklich ruhiges und »langweiliges« Gelände zum Üben mit Ihrem Hund aus.

TIPP

ÜBEN MIT ZWEI HUNDEN

Sie haben zwei Vierbeiner? Zwei Hunde neigen dazu, sich gegenseitig dazu zu animieren, größere Kreise zu ziehen. Falls Ihre das so machen, nehmen Sie in der nächsten Zeit immer einen an die Leine. Erst wenn beide getrennt stets in Ihrer Nähe bleiben, lassen Sie ab und zu beide frei laufen. Denken Sie daran, mit Ihrer Körpersprache Souveränität auszustrahlen – also wenig reden und sich entschlossen bewegen.

FALSCH

DIE BEIDEN HÄUFIGSTEN FEHLER BEIM ÜBEN

Wer dauernd zu sehen und zu hören ist, erreicht, dass der Hund seinen Interessen nachgeht, anstatt selbst Anschluss zu halten.

Hallo, bleib und komm her!

1

MITGEHEN

Der Hund hat sich entfernt, Sie gehen weiter in seine Richtung oder bleiben stehen und rufen immer wieder.

Bist du bald fertig? Jetzt komm!

2

WARTEN UND REDEN

Der Hund bleibt zurück, und Sie stehen neben ihm und reden immer wieder auf ihn ein.

DIE ÜBUNGEN **SITZEN, PLATZ** UND **BLEIBEN**

Diese drei Übungen brauchen Sie immer dann, wenn der Vierbeiner bei Ihnen oder allein eine Zeit lang an einer bestimmten Stelle bleiben soll. Beispielsweise, weil es störend oder gefährlich wäre, wenn er sich woandershin bewegen würde. So ist es zum Beispiel praktisch, ihm im Sitzen die Vorderpfoten zu putzen oder Ohrentropfen zu verabreichen.

DAS GILT FÜR ALLE DREI ÜBUNGEN

1. Diese Übungen verlangen von Hund und Mensch vor allem eines: Ruhe. Es ist ganz wesentlich, dass der Vierbeiner entspannt sitzen und liegen bleibt.
2. Das heißt für Sie: Nur wenige und keine hektischen Bewegungen sowie ein ruhiger, dämpfender, aber bestimmter Tonfall für die Kommandos. Haben Sie einen nervösen Vierbeiner? Lassen Sie sich nicht von seiner Unruhe anstecken!
3. Bei diesen Übungen ist es das Ziel, dass der Hund sie allmählich immer länger ausführt. Wobei das Sitzen für relativ kürzere Zeiten gedacht ist. Etwa wenn Sie an der Ampel warten. Für längere Zeit gibt es das Platz.
4. Dehnen Sie die Zeit allmählich und in kleinen Schritten aus. Viele Hundehalter gehen hier zu schnell vor, weil die kleinen Schritte oft langweilig sind. Dann ist der Hund schnell überfordert.
5. Egal ob Sitz oder Platz – der Vierbeiner muss bei diesen Übungen genau an der Stelle bleiben, wo Sie ihm das Kommando gegeben haben. Er darf weder aufstehen und sich ein Stück woanders hinsetzen oder -legen noch in der jeweiligen Position robben.

DAS EINFACHSTE ZUERST

Die einfachste Übung ist das Sitzen neben Ihnen, dann folgt das Platz neben Ihnen. Die schwierigste ist das Bleiben. Beginnen Sie mit dem Sitzen. Klappt das gut, kommt das Platz. Erst wenn der Hund entspannt etwa eine Minute neben Ihnen sitzen kann, beginnen Sie mit dem Bleiben im Sitzen. Sobald der Hund entspannt neben Ihnen liegen kann, kommt das Bleiben im Platz.

WICHTIGE FEINHEITEN

1. Rufen Sie den Hund aus dem Bleiben nicht zu sich. Denn dann wartet er gespannt, nicht entspannt, und könnte auch mal fehlstarten, wenn er sich verhört. Möchten Sie es trotzdem machen, dann bitte erst und vor allem nur ab und zu, wenn das entspannte Bleiben dem Hund in Fleisch und Blut übergegangen ist. Im Alltag ruft man den Vierbeiner sowieso nahezu ausschließlich aus dem Freilauf.
2. Wenn Sie mit dem Sitz und dem Platz beginnen, dann achten Sie auf eine Pause zwischen dem Wort »Sitz« oder »Platz« und der Verabreichung des Belohnungshappens. Am Beispiel Sitz heißt das: Der Hund hat sich gesetzt, in dem Moment kommt Ihr »Sitz«. Zwei Sekunden warten, damit Position und Kommando beim Hund ankommen, dann gibt's den Happen. Nicht schon während Ihres Kommandos »Sitz«.
3. Eine Pause ist auch dann wichtig, wenn nach dem »Sitz« oder »Platz« etwas anderes folgt. Zwei Beispiele: Sie lassen den Hund an Ihrer Seite sitzen und möchten dann eine andere Übung anschließen, zum Beispiel »Fuß«. Dann warten Sie nach dem Sitzen zwei Sekunden, bis der Hund sozusagen mit der Übung fertig ist. Erst dann gehen Sie los. Oder der Vierbeiner hat im »Platz« und »Bleib« gewartet, während Sie ein Stück weggegangen waren. Jetzt kehren Sie zu ihm zurück. Sie stellen sich neben ihn und warten wieder zwei Sekunden. Erst dann lassen Sie ihn sitzen.

ÜBUNG 3

SITZEN

TRAININGSPLAN

LEVEL A

Drei- bis viermal täglich. Jeweils ein- bis dreimal nacheinander. Ab dem dritten Tag einige Tage lang an unterschiedlichen Stellen in der Wohnung.

LEVEL B

Drei- bis viermal täglich. Jeweils ein- bis dreimal nacheinander. Am ersten Tag immer an der gleichen Stelle üben, ab dem zweiten Tag an unterschiedlichen Orten innerhalb der Wohnung. Etwa vier Tage lang.

LEVEL C

Dreimal täglich, ein- bis dreimal nacheinander. Beim ersten Mal im Anschluss an ein einzelnes »Sitz« auf Level B. Etwa vier Tage lang, auf jeden Fall so lange, bis der Hund sich ohne Zögern auf Ihr »Sitz« setzt.

ZEITDAUER AUSDEHNEN

Nach und nach, sobald Level C sitzt. Einmal täglich, ein- bis zweimal nacheinander. Und vor allem in Ruhe.

ABLENKUNG EINBAUEN

Wenn der Vierbeiner etwa eine halbe bis eine Minute entspannt sitzen kann. Mehrmals die Woche, je nach Zeit und Möglichkeit.

ZIEL

Ihr Hund setzt sich auf Ihr »Sitz« hin möglichst sofort. Er sollte, wenn es mal nötig ist, auch ein paar Minuten mit oder ohne Leine sitzen bleiben können, selbst wenn in seiner Nähe etwas los ist.

NUTZEN

Sitzen ist im Alltag häufig nützlich. Hier ein paar Beispiele dazu:

- Sie stehen mit dem Hund am Straßenrand und warten auf eine Lücke, um die Straße zu überqueren.
- Es kommt eine Gruppe Jogger. Sie lassen den Hund so lange bei sich sitzen, bis die Gruppe wieder weit genug weg ist.
- Beim An- und Ableinen.

ÜBEN LEVEL A

- Nehmen Sie den Hund an die Leine.
- Zeigen Sie ihm nun ein leckeres Häppchen.
- Halten Sie es so über seinen Kopf, dass er nach oben schauen muss, um es zu sehen.
- Springt er hoch, um es zu erreichen? Sagen Sie nichts. Halten Sie lediglich die Hand ruhig und verstecken Sie den Happen in der geschlossenen Hand.
- Warten Sie nun vollkommen »stumm« so lange, bis sich Ihr Vierbeiner setzt. In dem Moment, in dem die Vorderbeine und das Hinterteil am Boden sind, geben Sie Ihrem Hund zügig die Belohnung. Sind Sie dabei zögerlich oder langsam, verführt ihn das sofort wieder zum Aufstehen.

Wichtig: Sind beim letzten Punkt in dem Moment, in dem Sie den Vierbeiner belohnen möchten, nicht alle viere auf dem Boden, geht Ihre Hand mit dem Häppchen wieder nach oben. Das machen Sie so lange, bis alle Hundebeine am Boden bleiben, wenn Sie die Belohnung in Richtung Hundeschnauze führen. Und nicht vergessen: Dass der Hund wirklich nur im Sitzen belohnt wird, gilt immer.

1

BELOHNUNG ZEIGEN

Sie zeigen dem Hund die Belohnung.

2

RICHTIG HALTEN

Halten Sie diese »stumm« über seinen Kopf. Sollte er danach springen, schließen Sie die Hand und warten.

3

SITZEN

Nun sitzt der Hund, und Sie sagen »Sitz«. Die Hand mit dem Happen bleibt geschlossen.

ÜBEN LEVEL B

- Halten Sie dem angeleinten Hund wieder ein Häppchen über den Kopf.
- Er setzt sich nun schon von selbst.
- In dem Moment, in dem der Vierbeiner sitzt, sagen Sie deutlich »Sitz«.
- Warten Sie ein bis zwei Sekunden.
- Geben Sie ihm nun die Belohnung und loben Sie ihn gleichzeitig mit der Stimme.
- Hat der Hund die Belohnung geschluckt, lösen Sie die Übung mit Ihrem entsprechenden Wort und einer Bewegung auf.

Wichtig: Achten Sie darauf, dass die Aufmerksamkeit zwischen Ihnen und dem Vierbeiner auch beim Auflösen der Übung noch vorhanden ist. Oft steht der Hund nämlich von selbst auf, und der Zweibeiner schiebt sein Auflösungssignal noch schnell hinterher. Das ist eigentlich nicht Sinn der Sache.

ÜBEN LEVEL C

- Nehmen Sie ein paar Häppchen und stecken Sie sie in die Jackentasche.
- Leinen Sie den Vierbeiner an.
- Achten Sie darauf, dass er mit seiner Aufmerksamkeit bei Ihnen ist.
- Sagen Sie nun »Sitz«.
- Halten Sie dabei Ihre Hand, praktisch als Fortsetzung der Position aus Level A und B, »mahnend« mit erhobenem Zeigefinger. Diese Geste wird so zum Sichtzeichen für »Sitz«.
- Der Hund sitzt.
- Warten Sie ein bis zwei Sekunden.
- Jetzt greifen Sie in die Tasche und belohnen Ihren Vierbeiner mit Happen und Stimme.
- Lösen Sie die Übung auf, solange der Hund sitzt.

Wichtig: Sobald dieses Level klappt, belohnen Sie den Hund nicht mehr für jedes Sitzen mit einem Happen, sondern nach und nach nur noch ab und zu. Sie möchten das Sitzen zum Beispiel dreimal nacheinander üben. Dann können Sie dem Hund beim ersten Mal etwas geben, das zweite Mal nicht, das dritte Mal bekommt er wieder eine Belohnung. Dann gibt es etwa das erste Mal nichts, aber beim zweiten und dritten Mal winkt ein Häppchen. Mehr Ausdauer ist schon gefragt, wenn es beim ersten und zweiten Mal nichts gibt, sondern erst beim dritten »Sitz«.

ANFORDERUNGEN STEIGERN

- Nun verlängern Sie die Dauer des Sitzens nach und nach. Die Zeitspanne zwischen dem Moment, in dem Ihr Hund sitzt, bis zur Belohnung (stimmlich oder zusätzlich mit Happen) wird also länger. Bei einem temperamentvollen Hund sind dafür kleinere Schritte notwendig als bei einem gemütlicheren Vierbeiner. Passen Sie das Tempo also unbedingt der individuellen Art Ihres Hundes an.
- Ihr Vierbeiner beherrscht das Sitzen nun an unterschiedlichen Stellen und länger in der gewohnten Wohnungsumgebung. Nun beginnen Sie damit, dort erste einfache Ablenkungen einzubauen. Zum Beispiel indem ein Familienmitglied in der Nähe ruhig ein wenig hin und her geht.
- Jetzt verlegen Sie die Übung nach draußen. Zuerst an ganz ruhige und unterschiedliche Stellen. Bleibt der Hund auch hier länger sitzen, verlegen Sie die Übung zum Beispiel ein Stück neben einen Weg oder in den Eingangsbereich eines Ladens. Auch hier gilt, das Ausdehnen der Zeit und die Erhöhung der Ablenkung dem Hund anzupassen.
  Einen »Temperamentsbolzen« lassen Sie vorher am besten eine Weile laufen, damit er nicht zu viel Energie hat. Dann fällt ihm längeres Sitzen mit Sicherheit wesentlich leichter.
- Bauen Sie das Sitzen zusätzlich nach und nach in Alltagssituationen ein, in denen Sie es brauchen. Auch ohne Leine.

4

BELOHNEN

Jetzt wird der Hund mit dem Happen belohnt.

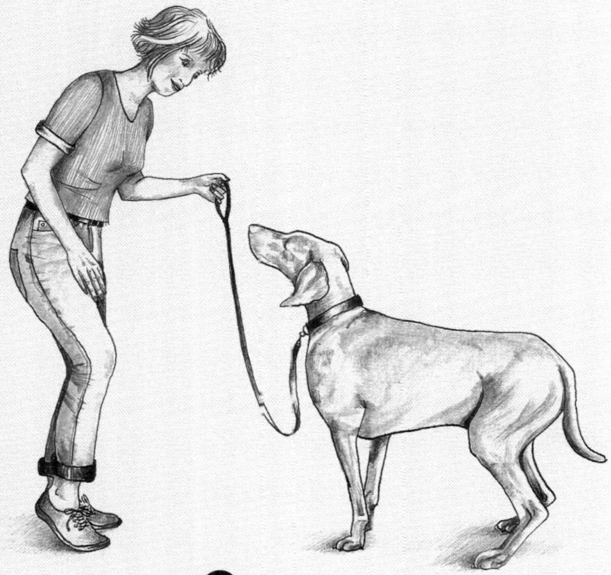

5

AUFLÖSEN

Anschließend lösen Sie die Übung auf.

Achten Sie schon von Anfang an darauf, dass zwischen Ihrem »Sitz« und der Bewegung der Hand mit dem Happen zur Schnauze eine kurze Pause liegt, ebenso zwischen dem Schlucken des Happens und Ihrem Auflösungssignal.

Wichtig: Wenn Sie die Ablenkung erhöhen und draußen üben, belohnen Sie den Vierbeiner in der ersten Zeit wieder häufiger mit leckeren Happen. Sie wissen ja, Neues und besondere Leistungen werden entsprechend honoriert (→ Info »Belohnen – aber richtig«, Seite 43). Achten Sie unbedingt darauf, dass der Hund auch nach dem Ableinen vor dem Freilauf bis zum Auflösungssignal sitzen bleibt.

WAS TUN, WENN ETWAS NICHT KLAPPT?

→ *Der Hund setzt sich ungern:* Sofern die Ablenkung nicht zu groß oder die Dauer nicht zu hoch ist, kann es auch am Untergrund liegen. Besonders Hunde mit dünnem und sehr kurzem Fell setzen sich ungern, wenn der Boden nass oder kalt oder beides ist. Zumindest in der Ausbildungsphase muss man das nicht durchsetzen. Trifft das auf Ihren Hund zu, dann verlangen Sie das Sitzen bei solchen Verhältnissen erst gar nicht von ihm. Denn wenn er Ihre Anweisung nicht befolgt, müssten Sie, wie Sie wissen, konsequent sein (→ Seite 17).

→ *Der Vierbeiner steht bei Ablenkung auf:* Zum einen könnte die Ablenkung zu nah sein oder sich zu stark bewegen. Vielleicht ist das noch zu viel für Ihren Hund. Andererseits könnte es sein, dass Sie zu lange nicht aktiv geworden sind. Denn bevor der Vierbeiner aufsteht, geht seine Aufmerksamkeit immer erst in Richtung Ablenkung.
Erinnern Sie ihn bereits dann mit einem »Sitz« daran, was er tun soll. Warten Sie mit dem Auflösen der Übung nun noch ein paar Momente, damit sich die Erinnerung festigen kann.

→ *Der Hund läuft nach dem Ableinen gleich los:* Der mit Abstand häufigste Grund dafür ist, dass man das Auflösungszeichen ab und zu oder oft vergisst. Dann verknüpft der Hund letztlich das Geräusch der Leine beim Ableinen als Startsignal und läuft los. Ein weiterer Grund ist, dass man die Pause zwischen dem Ableinen im Sitzen und dem Auflösen vergisst. Damit sich nichts Falsches automatisiert, üben Sie immer wieder mal im Sitzen Ableinen–Anleinen–Ableinen oder Anleinen–Ableinen–Platz.
Denken Sie bitte stets daran: Das »Klick« der Leine beim Ableinen des Hundes ist kein Auflösungssignal! Das ist auch für das Bleiben und Bei-Fuß-Gehen ohne Leine sehr wichtig!

TIPP

PROFI IM SITZEN

Der Hund befolgt Ihr »Sitz« sofort und sitzt auch länger? Dann sagen Sie doch mal »Sitz«, wenn er gerade in »langweiliger« Umgebung zwei, drei Meter vorausläuft. Dazu bleiben Sie stehen. Setzt Ihr Vierbeiner sich? Sehr gut! Gehen Sie zu ihm und geben Sie ihm seine Belohnung. Auch hier lässt sich die Entfernung allmählich steigern. Diese Variante kann nützlich sein, wenn sich etwa ein Skater rasch nähert.

FALSCH

DIE BEIDEN HÄUFIGSTEN FEHLER BEIM ÜBEN

Achtet man nicht sorgfältig darauf, im richtigen Moment zu belohnen, so belohnt man leicht etwas für die Übung Falsches. Und das lernt der Hund dadurch sehr schnell.

1

KOMMANDO ZU FRÜH

Sagen Sie schon »Sitz«, bevor der Hund überhaupt sitzt, verknüpft er es mit dem, was er gerade tut.

2

FALSCHER MOMENT

Sind beim Belohnen nicht alle viere auf dem Boden, wird nicht mehr das Sitzen belohnt.

ÜBUNG 4

PLATZ

TRAININGSPLAN

LEVEL A

Dreimal täglich. Je ein- bis zweimal. Ab dem 4. Tag an unterschiedlichen Stellen in der Wohnung. So lange, bis er sich von selbst ins Platz legt, sobald die Hand samt Belohnung in Richtung Boden geht.

LEVEL B

Dreimal täglich. Je ein- bis zweimal. Am ersten Tag immer an der gleichen, ab dem zweiten Tag an unterschiedlichen Stellen der Wohnung üben. Etwa vier Tage bzw. so lange, bis der Hund ruhig liegen bleibt.

LEVEL C

Dreimal täglich, je ein- bis zweimal. Beim ersten Mal im Anschluss an die Übung auf Level B. Etwa eine Woche bzw. so lange, bis der Hund sich auf Ihr Hörzeichen gleich ins Platz legt und in dieser Position ruhig auf die Belohnung aus der anderen Hand wartet.

HILFEN ABBAUEN

Sitzt Level C, bauen Sie die Hilfen (Hocke und Handbewegung) ab. Zeitdauer ausdehnen: nach und nach, ab Level B. Ablenkung einbauen: mehrmals pro Woche mit dem etwas müden Vierbeiner, sobald er eine Minute ruhig neben Ihnen liegen kann, während Sie stehen.

ZIEL

Der Hund liegt entspannt bei Ihnen im Platz. Dann kann er abschalten und auch längere Zeit ruhig liegen bleiben. Außerdem ist das eine wichtige Vorübung für das Bleiben.

NUTZEN

- Sie treffen unterwegs zum Beispiel jemanden, mit dem Sie eine Zeit lang plaudern möchten. Wenn Ihr Vierbeiner brav bei Ihnen liegen bleibt, können Sie sich ungestört der Unterhaltung widmen. Egal, ob in wildreichem Gebiet, ob Jogger vorbeilaufen oder was auch immer an Ablenkung geboten ist. Und für den Hund ist es in dieser Position bequem.
- Fahren Sie mit ihm in öffentlichen Verkehrsmitteln? Dann ist es gut, wenn Sie ihn so bei sich »platzieren« können, dass er nicht im Weg liegt.

ÜBEN LEVEL A

- Der Hund steht neben Ihnen. Halten Sie einen leckeren Happen so, dass Ihr Hund sich setzt.
- Der Hund hat die Nase nun interessiert an dem Happen, den Sie jetzt mittels Daumen in der Handfläche einklemmen.
- Mit der Handfläche nach unten führen Sie den Happen gerade und langsam in Richtung Boden.
- Der Hund folgt mit der Schnauze, Ihre Hand bleibt – unten angekommen – flach am Boden.
- Warten Sie nun, bis er sich hinlegt, um bequemer die Hand nach dem Leckerchen zu untersuchen.
- In dem Moment sagen Sie »Platz«. Denken Sie dabei an eine ruhige Stimmlage.
- Sie können dem Hund nun mit der anderen Hand ganz ruhig von vorn nach hinten über den Rücken streichen. Aber nur, wenn ihn das nicht ablenkt.
- Nach zwei Sekunden öffnen Sie die Hand am Boden, und er bekommt im Platz seine Belohnung.
- Noch bevor er selbst aufspringt, sagen Sie »Sitz« und lösen die Übung auf.

1

ANREIZ

Sie halten dem sitzenden Hund einen Happen vor die Nase.

2

HANDZEICHEN

Führen Sie nun die Hand gerade und langsam nach unten.

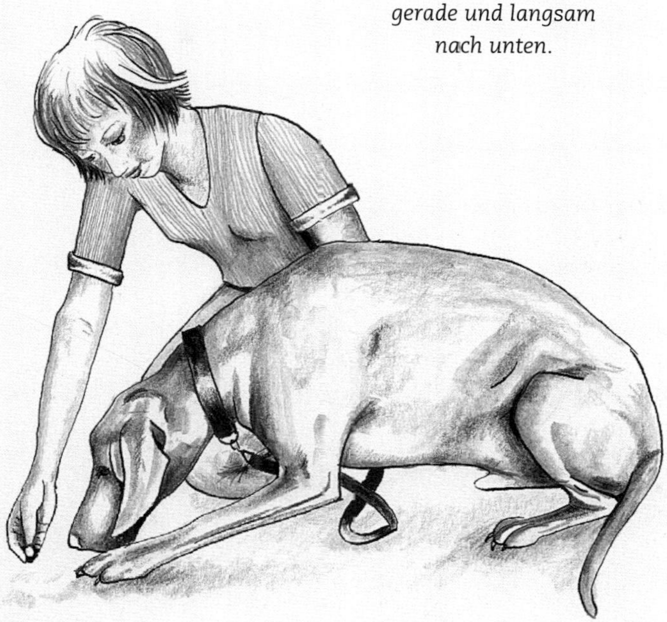

3

HÖRZEICHEN

Sind auch die Vorderbeine am Boden, heißt es »Platz«, und es gibt den Happen unten.

Wichtig: Steht der Vierbeiner irgendwann auf dem Weg in Richtung Boden wieder auf, nehmen Sie die Hand hoch und beginnen von Neuem beim ersten Punkt. Für das Aufsitzen zum Schluss gibt es keine Belohnung, da dies nicht genauso interessant oder womöglich interessanter für den Hund sein soll als das Platz. Eine Belohnung würde zu frühes Aufstehen fördern. Das Sitzen am Schluss verhindert, dass der Vierbeiner sich daran gewöhnt, aus dem Platz nicht loszulaufen. Das ist nützlich für das spätere »Bleib«.

ÜBEN LEVEL B

- Sie beginnen wieder aus dem Sitzen und zeigen dem Hund den Happen.
- Klemmen Sie den Happen in die Handfläche und bewegen Sie die Hand Richtung Boden.
- Da der Hund nun schon ohne Zögern folgt und sich ins Platz legt, sagen Sie zu Beginn der Bewegung nach unten »Platz«.
- Warten Sie nun jedes Mal ein paar Sekunden länger bis zur Belohnung.
- Dann öffnen Sie die Hand und geben ihm das Häppchen im Platz.
- Lassen Sie den Hund nun wieder sitzen und lösen Sie die Übung auf.

Wichtig: Falls der Hund im Liegen in der Hand gräbt, um an die verdeckte Belohnung zu kommen, warten Sie stumm, bis er einen Moment damit aufhört – vielleicht hört er ein Geräusch oder überlegt. In dem Moment öffnen Sie die Hand mit dem Häppchen.

ÜBEN LEVEL C

- Stecken Sie sich unbemerkt ein paar Happen in die Tasche auf der dem Hund abgewandten Seite. Oder legen Sie sie in der Nähe – für Sie gut, für den Hund nicht erreichbar – bereit.
- Beginnen Sie wieder aus dem Sitzen.
- Sagen Sie »Platz« und führen die gewohnte Hand in der üblichen Haltung, aber jetzt ohne eingeklemmten Happen, nach unten.
- Sobald der Vierbeiner ruhig liegt, warten Sie einige Momente und allmählich immer länger ab.
- Lassen Sie die Hand am Boden und holen Sie jetzt mit der anderen Hand den Happen aus der Tasche bzw. von dort, wo Sie die Happen deponiert haben. Belohnen Sie den Hund im Platz.
- Sobald das gut klappt, nehmen Sie die Hand, die am Boden ist, ohne Hektik weg, bevor Sie den Hund aus der anderen Hand belohnen.
- Lösen Sie die Übung über das Sitzen auf.

Wichtig: Holen Sie den Happen zügig und ohne großes Kramen und Rascheln aus der Tasche. Sonst besteht das Risiko, dass der Hund sich zu sehr daran orientiert und vielleicht beginnt, dorthin zu gelangen.

ANFORDERUNGEN STEIGERN

- Wahrscheinlich haben Sie bisher so geübt, dass Sie neben dem Hund in der Hocke waren. Nun gehen Sie immer weniger weit nach unten und reduzieren auch die Strecke der Handbewegung allmählich, indem Sie die Hand immer weniger weit in Richtung Boden führen.
- Wird der Hund belohnt, bekommt er den Happen aus der Hand (egal aus welcher) immer nahe am Boden, sodass er sich nicht nach oben orientiert. Oder Sie legen das Leckerchen zwischen seine Vorderpfoten.
- Dehnen Sie die Zeit des Liegenbleibens nach und nach auf einige Minuten aus. Das ist zwar langweilig, aber wichtig für den Alltag.
- Klappt das Platz im gewohnten Bereich an verschiedenen Stellen und ohne Ablenkung, lassen Sie zum Beispiel erst ein Familienmitglied, dann auch mehrere in der Nähe herumgehen.
- Bleibt der Hund schön entspannt, ist es an der Zeit, das Training nach draußen zu verlegen. Üben Sie zuerst wieder in kürzerer Zeit und ruhiger Umgebung.

4

SITZEN

Bevor der Hund selbst aufsteht, heißt es ohne Happen »Sitz«.

5

AUFLÖSEN

Anschließend lösen Sie die Übung auf.

Bewegen Sie die Hand erst nach unten, wenn der Vierbeiner wirklich am Leckerchen »klebt« – und nicht zu schnell, sodass der Hund mit seiner Schnauze ununterbrochen bis zum Boden am Happen bleibt.

Dann allmählich in einer belebteren Gegend, beispielsweise im Eingangsbereich eines Bäckerladens. Lassen Sie den Hund nach und nach wieder länger bei sich liegen.

WAS TUN, WENN ETWAS NICHT KLAPPT?

→ *Der Hund legt sich nicht hin:* Meist ist der Anreiz, also der Happen, zu uninteressant. Entweder weil der Vierbeiner satt oder der Happen nicht lecker genug ist. So fehlt dem Hund die richtige Motivation, um bei der Sache zu bleiben.
Auch ein zu kalter, nasser oder zu steiniger Untergrund kann die Ursache sein, wenn der Hund sich nicht ins Platz motivieren lässt.
Sind Sie angespannt oder hektisch? Dann wird der Vierbeiner unruhig und unkonzentriert. Auch wenn Sie die Hand zu schnell in Richtung Boden bewegen oder schräg nach vorn, fällt dem Vierbeiner die Übung schwer, und er legt sich nicht ins Platz.

→ *Der Hund bleibt nicht liegen:* Platzt der Vierbeiner gerade vor Energie? In diesem Fall fällt es ihm viel schwerer, ruhiges Liegen zu lernen als mit einem ausgeglichenen Energielevel.
Oder ist er durch etwas abgelenkt? Belohnen Sie ihn eventuell für das Aufsitzen? Auch dann fällt das Liegenbleiben schwer. Das Gleiche gilt, wenn Sie mit der Belohnung zu früh zu lange warten. Aber auch wenn der Hund nicht liegen bleibt, kann ein unangenehmer Untergrund die Ursache sein.

→ *Korrigieren, falls nötig:* Selbst wenn der Vierbeiner die Übung normalerweise gut beherrscht, kann es vorkommen, dass er einmal zu früh aufstehen möchte. Bremsen Sie ihn im richtigen Moment, also schon dann, wenn er beginnt aufzustehen. Das ist sehr wichtig. Halten Sie mit der flachen Hand im Schulterbereich dagegen und wiederholen Sie »Platz«. Warten Sie dann mit dem Aufsitzen mindestens einige Momente, damit der Hund das ruhige Liegen nochmals verinnerlichen kann. Nicht vergessen – auch selbst ruhig bleiben! Sie sollten sich jedoch sicher sein, dass der Hund das Platz in dieser Situation normalerweise beherrscht.
Aber Achtung – falls Sie ihn jedes Mal wieder mit einem Happen ins Platz legen, verknüpft er leicht: »Super, immer wenn ich aufstehe, gibt's ein Leckerchen!« Das wäre weniger gut …

TIPP

RUHE BEWAHREN

Achten Sie beim »Platz« darauf, dass Ihre Stimme ruhig und bestimmt klingt und dass Sie sich wenig bzw. ruhig, aber nicht zögerlich bewegen. Auch das Lob klingt ruhig, aber freundlich. Jede Form von Anspannung oder Ungeduld macht dem Hund die Übung unnötig schwer – auch überschwängliches Lob zum Schluss. Ihr Ziel ist der im Alltag entspannte Hund, vor allem beim Platz.

FALSCH

DIE BEIDEN HÄUFIGSTEN FEHLER BEIM ÜBEN

Beim »Platz« gibt es zwei Dinge, die sich besonders häufig unbewusst einschleichen. Aber diese Fehler lassen sich leicht vermeiden.

1

SCHRÄG

Führen Sie den Happen schräg nach vorn Richtung Boden, so steht der Hund auf.

2

OBEN BELOHNEN

Kommt der Happen von oben, wird der Hund fürs Aufstehen belohnt.

ÜBUNG 5

BLEIBEN

TRAININGSPLAN

LEVEL A
Ein- bis zweimal am Tag.
Wenn möglich täglich und in der Wohnung.
Nur dann, wenn die Umgebung ruhig ist und der Hund in ausgeglichener Stimmung ist.

LEVEL B
Ein- bis zweimal am Tag,
mehrmals die Woche in der Wohnung.
Auch hier sind ein ruhiges Umfeld und ein ausgeglichener Hund wichtig.

LEVEL C
Einmal täglich,
mehrmals die Woche.
Klappt bisher alles gut, können Sie auch schon in ruhiger Umgebung draußen üben.

LEVEL D
Mehrmals die Woche,
auch unterwegs.
Viel Ablenkung sollte jedoch noch nicht in der Nähe sein.

ZIEL

Der Hund bleibt im Sitzen oder im Platz allein und entspannt an der Stelle, an die Sie ihn gebracht haben. So lange, bis Sie ihn dort wieder abholen. Aus dem Sitzen können Sie den Hund auch mal rufen. Im Sitzen dauert das Bleiben in der Regel nur eine kurze Zeit, im bequemen Platz durchaus bis zu einer halben Stunde. Der Aufbau ist bei beiden Varianten identisch und wird hier anhand der Variante im Sitzen erklärt.

NUTZEN

Im Sitzen ist die Übung »Bleib« zum Beispiel in folgenden Situationen sehr nützlich:

- Sie lassen den schmutzigen Hund vor der offenen Haustür sitzen und holen aus der Diele ein Handtuch, um ihn zu säubern.
- Sie müssen beim Wandern über einen kleinen Zaun steigen oder eine Engstelle passieren. Sie lassen den Hund sitzen, meistern allein und bequem das Hindernis und rufen ihn dann zu sich.

Im Platz nützt die Übung »Bleib« zum Beispiel dann:

- Sie gehen kurz in die Bäckerei und legen den Hund vor der Tür ab. Auch angebunden kann er so entspannt warten.
- Sie möchten in Ruhe die Wohnung wischen und legen den Hund außerhalb der »Putzfläche« ab.

ÜBEN LEVEL A

Beginnen Sie mit dem Bleiben im Sitzen dann, wenn Ihr Hund entspannt und ohne Hilfe mindestens eine Minute ruhig neben Ihnen sitzen kann. Das Gleiche gilt analog für das Bleiben im Platz.

- Lassen Sie den Hund angeleint an Ihrer Seite sitzen.
- Warten Sie nun einige Sekunden, denn der Hund soll ruhig, aber aufmerksam sitzen.
- Nun sagen Sie »Bleib« und stellen sich gleich danach direkt, also fast ohne Abstand, frontal vor den Hund, also mit dem Gesicht zu ihm. Die Leine hängt locker durch. Ihre Arme lassen Sie ebenfalls hängen.

1
SITZEN
Der Hund sitzt ruhig an Ihrer Seite.

2
POSITIONSWECHSEL
Beim Weggehen heißt es »Bleib«.

- Nach wenigen Sekunden gehen Sie wieder denselben Weg an Ihren Ausgangspunkt zurück – also ohne um den Hund herumzugehen.
- Dehnen Sie nun nur die Zeit, die Sie vor dem Hund stehen, nach und nach aus.
- Zurück beim Hund, loben Sie ihn mit ruhiger Stimme und/oder ruhigem Streicheln.

Wichtig: Braucht man überhaupt das verbale »Bleib«? Eigentlich müsste der Hund sitzen bzw. liegen bleiben, solange die Übung nicht aufgelöst wird. Meiner Erfahrung nach vergessen aber manche Zweibeiner im Alltag häufig das Beenden eines »Sitz« oder »Platz« und gehen gedankenverloren mit dem Hund weiter. Das aber ist für das Bleiben nicht gut. Deshalb macht ein verbales »Bleib« durchaus Sinn. Die Belohnung beim Bleiben ist eigentlich Ihr Zurückkehren. Falls Sie den Vierbeiner aber trotzdem mit Futter belohnen möchten, greifen Sie unbedingt erst dann in die Tasche, wenn Sie wieder neben ihm stehen.

ÜBEN LEVEL B

Üben Sie am besten an unterschiedlichen Stellen im heimischen Bereich.

- Beginnen Sie mit dem ruhig und aufmerksam an Ihrer Seite sitzenden Hund.
- Sagen Sie »Bleib« und stellen Sie sich wie bei Level A direkt und länger vor den Hund.
- Gehen Sie dann wieder in die Ausgangsposition zurück und warten Sie ein paar Momente.
- Nun heißt es wieder »Bleib«, und Sie stellen sich jetzt etwa 30 cm vor den Hund.
- Bleiben Sie höchstens so lange wie im zweiten Punkt beschrieben stehen. Wichtig ist, dass der Hund entspannt sitzt.
- Kehren Sie dann in Ihre Ausgangsposition zurück und loben Sie den Hund auf ruhige Art.
- Stets das Auflösen durch eine andere Übung oder Ihr Auflösungssignal nicht vergessen!

ÜBEN LEVEL C

- Verlängern Sie jetzt die Dauer und die Distanz zum Hund nach und nach.
- Dehnen Sie dabei immer zuerst die Dauer nach und nach auf einige Minuten aus.
- Erst dann vergrößern Sie wieder den Abstand, ebenfalls nach und nach, so weit wie Sie möchten. 10 Meter können es schon werden.
- Ab einer bestimmten Entfernung zum Hund reicht die Länge der Leine nicht mehr, um sie durchhängend zu halten. Legen Sie sie ab jetzt beim Weggehen gerade nach vorn auf dem Boden aus. So können Sie die Leine noch erreichen, falls der Vierbeiner aufstehen sollte.
- Am Ende des Bleibens kehren Sie stets wieder in die Ausgangsposition neben dem Hund zurück. Erst dann nehmen Sie die Leine wieder auf.

Wichtig: Erste Ablenkungen, etwa durch ein in der Nähe stehendes Familienmitglied (vor oder seitlich vom Hund), können jetzt eingebaut werden. Wenn das gut klappt, kann die Person näher heran- oder auch ein wenig herumgehen.

ÜBEN LEVEL D

- Der Hund sitzt wieder an Ihrer Seite.
- Sie sagen »Bleib« und entfernen sich einige Meter vom Hund. Die Leine liegt am Boden.
- Bleiben Sie, wie gewohnt, frontal zum Hund gerichtet stehen.
- Nach ein paar Momenten beginnen Sie, auf einer Linie parallel zu ihm hin- und herzugehen. Da Ihre Bewegung die Übung etwas schwieriger macht, beenden Sie sie zunächst etwas früher als sonst in dieser Entfernung zum Hund.
- Bleiben Sie nun wieder an der Stelle von Punkt 3 stehen. Nach einigen Sekunden kehren Sie dann zum Hund zurück.
- Nehmen Sie nun die Leine auf.

3

STEHEN BLEIBEN

Sie stellen sich direkt vor den Hund.

4

ZURÜCKGEHEN

Einige Sekunden später gehen Sie zum Ausgangspunkt zurück.

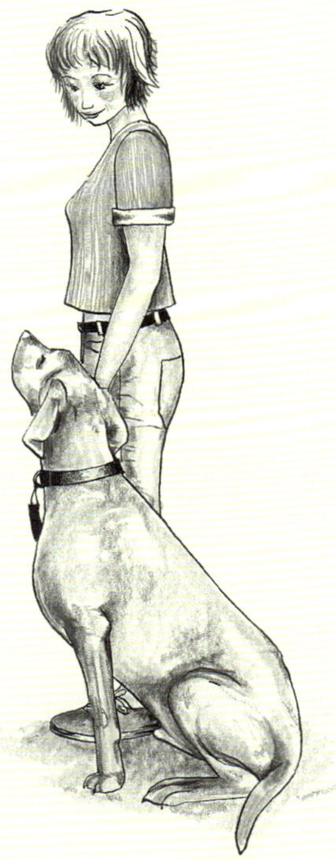

Beim »Bleib« ist es wichtig, dass Sie sich zu Beginn wirklich direkt vor den Hund stellen. Je geringer der Abstand zwischen Ihnen und dem Vierbeiner ist, umso geringer ist die Wahrscheinlichkeit, dass er aufsteht und zu Ihnen kommt.

ANFORDERUNGEN STEIGERN

- Auch ab Level D kommt Ablenkung hinzu. Zuerst eine ruhige, dann auch ein oder zwei sich bewegende Personen.
- Dauer und Distanz werden weiter ausgedehnt, und auch die Strecke, die Sie vor dem Hund hin- und hergehen, wird länger.
- Bleibt der Hund sicher, können Sie die Leine bei ihm liegen lassen oder sie ihm vor dem Weggehen auch abnehmen.
- Allmählich machen Sie einen Halbkreis, nach und nach einen Kreis um den Hund.
- Verlegen Sie nun die Bleib-Übung in belebtere Umgebungen unterwegs.
- Wenn das klappt, bauen Sie die Übung in Alltagssituationen ein.

WAS TUN, WENN ES NICHT KLAPPT?

→ *Der Hund bleibt nicht, wenn Sie weggehen:* Haben Sie die Pause zwischen Sitzen und Weggehen vergessen? Oder erst die Entfernung statt der Zeit ausgedehnt? Ist das ruhige Sitzen bzw. das ruhige Platz an Ihrer Seite noch nicht genug gefestigt?

→ *Der Hund steht auf, während Sie weg sind:* Dauer und Entfernung wurden zu rasch ausgedehnt. Auch wenn die Leine nur leicht auf Zug ist, steht er auf. Entfernen Sie sich rückwärts und angespannt, womöglich mit nervösem »Bleib«? Auch häufiges Rufen aus dem Bleiben macht die Übung »wackelig«.

→ *Der Hund kommt Ihnen beim Zurückkehren entgegen:* Holen Sie schon beim Zurückgehen einen Happen aus der Tasche? Das ist zu verlockend für den Hund. Ein weiterer Grund ist überschwängliches stimmliches Loben auf dem Rückweg. Nehmen Sie die Leine schon beim Zurückgehen auf? Die Bewegung an der Leine und Ihre Aufmerksamkeit in Richtung Boden verleiten den Vierbeiner zum Aufstehen.

TIPP

ABLEGEN AUSSER SICHT

Sie würden den Hund gern ablegen, ohne dass er Sie sieht? Zum Beispiel, um in einem Lokal kurz zum Händewaschen zu gehen? Beginnen Sie, wenn er das Bleiben beherrscht. Gehen Sie kurz hinter eine Hausecke, einen Busch oder etwas Ähnlichem. Auch hier steigern Sie zuerst die Dauer und dann die Entfernung. Beginnen Sie etwas unter der Distanz, die Sie vorher geübt haben.

→ *Korrigieren, wenn nötig:* Falls der Hund im Aufstehen ist, gehen Sie entschlossen auf ihn zu und sagen nur »Sitz« bzw. »Platz«. Bleiben Sie stehen, sobald er wieder in der richtigen Position ist, und warten Sie einige Sekunden, bevor Sie weitermachen.
Ist der Vierbeiner schon aufgestanden, bringen Sie ihn mittels Leine auf direktem Weg wieder genau an die Stelle, an der er zuvor war, und beginnen die Übung von Neuem.

FALSCH

DIE BEIDEN HÄUFIGSTEN FEHLER BEIM ÜBEN

Auch beim »Bleib« gibt es »Fettnäpfchen«, die Sie vermeiden sollten. Falsche Botschaften verhindern, dass der Hund die Übung lernen kann.

1

RÜCKWÄRTS GEHEN

Gehen Sie angespannt rückwärts weg, folgt Ihnen der Hund.

2

BELOHNUNG ZU FRÜH

Holen Sie auf dem Rückweg die Belohnung aus der Tasche, kommt der Hund Ihnen entgegen.

DIE ÜBUNGEN **BEI FUSS** UND **LEINEN-FÜHRIGKEIT**

Auch wenn der Vierbeiner gut gehorcht und schön in der Nähe bleibt – er kann nicht überall frei laufen. Daher gehört es auch zu seinem Pflichtprogramm, ordentlich an der Leine zu laufen. Beim Laufen an der Leine gibt es zwei Varianten. Zum einen das Gehen bei Fuß, zum anderen soll der Vierbeiner lediglich so laufen, dass die Leine stets locker bleibt.

GÜLTIG FÜR BEIDE ÜBUNGEN

1. Bei beiden Übungs-Varianten ist der Hund mit Ihnen in Bewegung.
2. Deshalb ist es wichtig, dass Sie sich entschlossen bewegen und Ihr Hörzeichen für das Gehen bei Fuß motivierend klingt.
3. Langsames Gehen entspricht nicht der Natur des Hundes. Üben Sie deshalb am Anfang in zügigerem Tempo. Das liegt Ihrem Vierbeiner besser, und die Übungen fallen ihm daher leichter.
4. Planen Sie das Training anfangs außerdem so, dass der Vierbeiner nicht gerade vor Energie platzt.
5. Später muss er sich an Ihr Tempo anpassen, auch wenn Sie mal langsam gehen oder er mehr Energie hätte, als gerade nötig ist.
6. Für beide Varianten gilt, dass der Hund idealerweise nie einen Erfolg durch Zerren haben darf.
7. Er kann unterwegs leicht abgelenkt werden.
8. Häufigere Richtungsänderungen und Üben in unwegsamerem Gelände fördern die Konzentration des Hundes und bringen Abwechslung ins Üben.
9. An der Leine haben Sie den Hund in aller Regel deshalb, weil Sie ihn bei sich behalten wollen. Das bedeutet, dass er lernen muss, Ablenkungen zwar entspannt zu registrieren, sie letztlich aber zu ignorieren.

WICHTIG BEI DER ÜBUNG »BEI FUSS«

Müssen Sie an einer Straße entlanggehen oder muss zum Beispiel ein größeres Fahrzeug direkt an Ihnen vorbei, ist es notwendig, dass der Hund dicht bei Ihnen ist. Bei Fuß ist der Hund dann, wenn er sich dicht an Ihrer stets gleichen Seite und auf Ihrer Höhe aufhält. Im Gehen ebenso wie im Sitzen. Die Leine ist dabei locker und bei einer verstellbaren Führleine auf die kürzeste Länge eingestellt. Üben Sie vor allem mit dem jungen Hund nur kurze Strecken und dehnen Sie diese langsam aus. Während der Hund auf Ihr Hörzeichen hin bei Fuß läuft oder dort sitzt, sollte er nichts anderes tun. Also auch nicht schnüffeln oder das Bein heben.

WICHTIG BEI DER LEINENFÜHRIGKEIT

Wo es nicht notwendig ist, dass der Vierbeiner ganz dicht an Ihrer Seite bleibt, reicht es, wenn er an lockerer Leine läuft. Er kann dann ein wenig vor oder hinter Ihnen laufen oder mit etwas Abstand neben Ihnen und auch die Nase am Boden haben. Aber alles so, dass die Leine durchhängt. Die Leine sollte auf eine mittlere Länge eingestellt sein. Auch wenn zügiges Tempo dem Hund entspricht – stürmt er nach vorn, steuern Sie dagegen, in dem Sie stehen bleiben oder schon frühzeitig umkehren. Für kleinere oder sehr stürmische Hunde ist ein Geschirr gut geeignet.

WICHTIGE FEINHEITEN

Denken Sie daran, beide Varianten immer klar zu unterscheiden. Nehmen Sie den Hund nur dann bei Fuß, wenn Sie wirklich auf die genaue Position des Vierbeiners Wert legen. Wird man hier mit der Zeit nachlässig, gehen »Bei Fuß« und Leinenführigkeit fließend ineinander über. Dann funktioniert Ersteres nicht, wenn es darauf ankommt.

ÜBUNG 6

BEI FUSS GEHEN

TRAININGSPLAN

AN IHRE SEITE KOMMEN

LEVEL A

Ein- bis zweimal täglich je ein- bis zweimal, etwa 3 bis 5 Tage.

LEVEL B

Wie Level A, danach mehrmals wöchentlich und auch in Kombination mit dem Fuß-Gehen.

BEI FUSS GEHEN

LEVEL A

Ein- bis zweimal täglich, jeweils kurze Übungseinheiten, ein bis zwei Wochen.

LEVEL B

Mindestens einmal täglich, Übungseinheiten allmählich ausdehnen. Erst wenn Level B gefestigt ist, steigern Sie die Anforderungen an die Ablenkung. Danach nach Bedarf, aber mindestens mehrmals wöchentlich über etliche Monate üben.

ZIEL

Der Vierbeiner kommt auf Ihr Hörzeichen dicht und aufmerksam an Ihre Seite und läuft dort auch mit. Und zwar stets auf derselben Seite. Sie müssen sich also zwischen links oder rechts entscheiden.
Bei Fuß laufen sollte er bis zu einer Viertelstunde lang können. Praktisch ist es, wenn das später auch ohne Leine klappt.

NUTZEN

Bei Fuß ist immer dann nützlich, wenn es »eng« wird und der Hund wirklich ganz dicht bei Ihnen bleiben muss. Ein paar Beispiele:

- Sie sind auf einem schmalen Weg unterwegs, es kommt ein Traktor oder Radfahrer entgegen.
- Sie gehen auf eine Straße zu.
- Sie gehen eine längere Treppe, auf der sich auch andere Passanten befinden, hinauf oder hinunter.
- Sie sind auf einem schmalen Gehweg entlang einer Straße unterwegs.

GRUNDSTELLUNG: AN IHRE SEITE KOMMEN – ÜBEN LEVEL A

Am Beispiel Ihrer linken Körperseite:

- Der Hund ist angeleint und befindet sich irgendwo vor Ihnen.
- Sie halten ihm mit der linken Hand einen Happen vor die Nase.
- Nun »führen« Sie den Hund am Leckerchen gerade an Ihrem linken Bein vorbei ein kleines Stück nach hinten …
- … und dann in einem kleinen Bogen nach innen, sodass der Vierbeiner von hinten an Ihr linkes Bein »rangiert«.
- Erst während er den Bogen an Ihr Bein macht, sagen Sie »Fuß«. Nicht früher.
- Ist der Vierbeiner mit dem Kopf auf Höhe Ihres Beins, lassen Sie ihn sitzen.
- Nun gibt es Lob und das Häppchen.

AN IHRE SEITE KOMMEN
1
HAPPEN ZEIGEN
Der Hund befindet sich vor Ihnen. Sie halten ihm Futter vor die Nase.
2
HUND VORBEIFÜHREN
Führen Sie den Hund am Happen ein Stück an Ihrem Bein vorbei und dann nach innen.
Sitz
Fuß!
3
POSITION ERREICHT
So kommt der Hund an Ihre Seite – erst jetzt sagen Sie »Fuß!«.
4
SITZEN
Jetzt heißt es »Sitz«, und der Hund bekommt den Happen.

Wichtig: Befindet sich der Vierbeiner hinter Ihnen, halten Sie ihm ein Häppchen vor die Nase und »führen« ihn damit einfach gerade ein Stück nach vorn an Ihr Bein heran.

GRUNDSTELLUNG: AN IHRE SEITE KOMMEN – ÜBEN LEVEL B

- Der Hund ist angeleint und befindet sich irgendwo vor Ihnen.
- Sie halten ihm mit der linken Hand einen Happen vor die Nase.
- Dann »führen« Sie den Vierbeiner am Leckerchen gerade an Ihrem linken Bein vorbei ein kleines Stück nach hinten.
- Nun sagen Sie schon »Fuß«, kurz bevor der Bogen nach innen kommt.
- Ist der Vierbeiner mit dem Kopf auf Höhe Ihres Beins, lassen Sie ihn sitzen.
- Nun loben und belohnen Sie ihn wieder.

ANFORDERUNGEN STEIGERN

- Ihr Hörzeichen kommt immer früher. Letztlich schon dann, wenn Sie ihm den Happen vor die Nase halten.
- Sie werden bemerken, dass Ihr Hund bald bewusst an Ihre Seite kommt. Nun lassen Sie den Happen immer öfter weg, die Hand- bzw. Armbewegung behalten Sie bei. Die Belohnung holen Sie erst heraus, wenn der Vierbeiner an Ihrer Seite sitzt.

WAS TUN, WENN ES NICHT KLAPPT?

→ *Der Hund konzentriert sich nur kurz:* Die Belohnung ist aus seiner Sicht zu wenig schmackhaft. Oder es lenkt ihn etwas sehr stark ab.

→ *Er ist am Happen interessiert, bewegt sich aber nicht von der Stelle:* Vermutlich sind Sie zu passiv. Seien Sie motivierender, auch mit der Stimme. Gehen Sie, wenn nötig, auch einen Schritt in die Richtung, in die Sie den Hund lenken möchten.

BEI FUSS GEHEN – ÜBEN LEVEL A

- Beispiel ist auch hier die linke Seite. Nehmen Sie in ruhiger Umgebung einen leckeren Happen in die linke Hand und zeigen Sie ihn dem Hund.
- In der rechten Hand halten Sie die Leine, die locker durchhängt.
- Ist der Vierbeiner am Happen so interessiert, dass er anhaltend daran leckt oder knabbert, gehen Sie in normalem Tempo los.
- Ihr linker Arm ist an Ihrem linken Bein, also nicht weiter vorn. Der Hund »klebt« am Happen.
- Während der Vierbeiner an Ihrer Seite läuft, wiederholen Sie einige Male »Fuß«.
- Nach wenigen Metern bleiben Sie stehen und sagen »Sitz«.
- Jetzt gibt es den Happen ganz.
- Mit einem neuen Happen geht es nun wieder von vorn los.

Wichtig: Beginnen Sie aus der Grundstellung, wenn Sie diese schon geübt haben. Dann auf einige Sekunden Pause vor dem Losgehen achten und mit einem neuen Happen losgehen. Ansonsten ohne Grundstellung üben. Dehnen Sie bereits bei Level A die Strecke allmählich aus. Bauen Sie auch Kurven ins Training ein.

BEI FUSS GEHEN – ÜBEN LEVEL B

- Beginnen Sie wie bei Level A und gehen Sie genauso mit dem Hund, der am Leckerchen »hängt«, los.
- Nach ein, zwei Metern stecken Sie nun die Hand mit dem Happen in die Jackentasche. Halten Sie Kontakt zum Hund und sagen Sie »Fuß«. Er wird Ihrer Hand nachschauen.
- Nach nur zwei, drei Schritten holen Sie den Happen aus der Tasche – auf jeden Fall aber noch, solange der Vierbeiner aufmerksam nach oben schaut.
- Geben Sie dem Hund den Happen noch im Gehen.
- Anschließend lassen Sie den Hund sitzen.
- Wiederholen Sie das Ganze ein- bis zweimal.

BEI FUSS – EINFACHES LEVEL (A)

1

HAPPEN AM HUND

Das Leckerchen ist in Ihrer linken Hand, diese ist auf Höhe Ihres Beines. Der Hund knabbert während des Gehens am Happen.

BEI FUSS – HÖHERES LEVEL (B)

2

HAPPEN VERSTECKEN

Die linke Hand mit dem Leckerchen verstecken Sie in Ihrer Hosentasche.

Wichtig: Die leckerchenfreie Strecke wird nur langsam ausgedehnt. Idealerweise kommt die Belohnung, solange Ihr Hund noch ununterbrochen zu Ihnen schaut. Schaut er einmal kurz weg, lässt sich aber durch Ihre Stimme leicht wieder umlenken, setzen Sie die Übung fort. Ist die Aufmerksamkeit jedoch völlig dahin, bleiben Sie stehen und beginnen von Neuem zu üben.

ANFORDERUNGEN STEIGERN

- Nun bleibt auch beim Losgehen der Happen zunächst in Ihrer Tasche.
- Die Übungsstrecken werden mit Kurven weiter ausgedehnt.
- Klappt das, verlegen Sie die Übung in Umgebungen mit allmählich steigender Ablenkung.
- Bringen Sie Abwechslung ins Training, indem Sie ab und zu über kleinere Hindernisse, wie zum Beispiel dünnere Baumstämme, »Bei Fuß« üben.
- Läuft Ihr Vierbeiner aufmerksam bei Fuß? Dann leinen Sie ihn nach zwei Minuten und im Sitzen ab. Gehen Sie nun wie gewohnt bei Fuß los. Nach einer kurzen Strecke wird der Hund im Gehen belohnt und wieder angeleint.
- Die Strecken, die der Hund nun ohne Leine geht, werden nur langsam erhöht.

Wichtig: Solange der Vierbeiner lernt, bei Fuß zu gehen, soll er aufmerksam zu Ihnen schauen. Der routinierte Hund schaut einfach nach vorn – aber ohne sich auf etwas anderes zu konzentrieren.

WAS TUN, WENN ETWAS NICHT KLAPPT?

→ *Der Hund hat die Nase am Boden:* Die Belohnung ist uninteressant. Oder der Untergrund riecht zu verlockend. Üben Sie doch mal auf Asphalt.

→ *Der Hund ist zu langsam:* Klingt Ihr Hörzeichen eher beruhigend statt motivierend? Ein flotterer Schritt und ein motivierender Tonfall wirken oft Wunder.

TIPP

DIE ANDERE SEITE

Sie würden Ihren Hund in manchen Situationen lieber auf der anderen Seite bei Fuß führen? Kein Problem! Wenn er die erste Seite sehr gut beherrscht, trainieren Sie, wie hier beschrieben, die andere Seite. Aber mit einem wichtigen Unterschied: Sie brauchen dafür ein zweites Hörzeichen. Es muss sich deutlich anders anhören als das zuerst trainierte. So kann der Hund beide Seiten auseinanderhalten.

→ *Der Vierbeiner geht zu weit vorn:* Ihr Arm mit dem Happen ist vermutlich zu weit vorn. Oder Sie halten ihn in der anderen »falschen« Hand.

→ *Er springt nach dem Happen:* Sie halten den Happen zu hoch. Halten Sie ihn auf Schnauzenhöhe. Ziehen Sie die Hand auch nicht zwischendurch hoch, vielleicht weil Sie die Zähne fürchten. Das fördert das Springen, aber auch Schnappen nach dem Happen.

FALSCH

DIE BEIDEN HÄUFIGSTEN FEHLER BEIM ÜBEN

Halten Sie den Futterhappen in einer falschen Position, bringen Sie dem Hund Verhaltensweisen bei, die Sie eigentlich nicht fördern wollen.

BEI FUSS – EINFACHES LEVEL (A)

1

HAPPEN ZU WEIT WEG

Das Leckerchen ist in der rechten Hand, die dadurch zu weit vorn ist. Der Hund zieht so schräg nach vorn, und Sie halten deshalb mit der Leine dagegen.

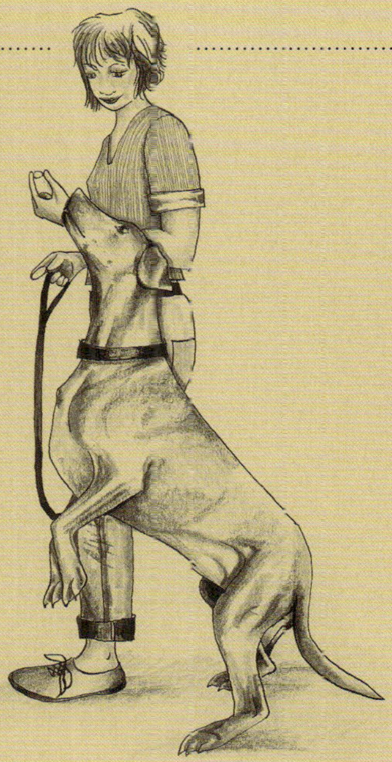

BEI FUSS – HÖHERES LEVEL (B)

2

HAPPEN ZU HOCH

Das Leckerchen wird lediglich höher gehalten. Dann springt der Hund danach, anstatt bei Fuß zu laufen.

ÜBUNG 7

LEINEN-FÜHRIG-KEIT

TRAININGSPLAN

VARIANTE 1 BIS 3

LEVEL A

Täglich zwei bis drei kleine Einheiten.

LEVEL B

Täglich insgesamt in zwei bis drei Einheiten, die allmählich länger werden. Level B jeder Variante erst dann, wenn jeweils Level A funktioniert.

VARIANTE 1

LEVEL C

Mehrmals wöchentlich, wenn Level B klappt.

Danach wird die Leinenführigkeit immer dann geübt, wenn es sich im Alltag und unterwegs ergibt.

ZIEL

Der Vierbeiner läuft – auch längere Strecken – so an der Leine, dass diese nicht straff wird. Er kann dabei etwas hinter Ihnen, mit etwas Abstand neben Ihnen oder auch etwas vorauslaufen. Geübt wird mit einer normalen Führleine, die nicht länger als etwa eineinhalb Meter ist. Es gibt drei Trainingsvarianten, die Sie auch mischen können. Wichtig ist, dass der Hund mit Zerren keinerlei Erfolg hat.

NUTZEN

Eine gute Leinenführigkeit ist immer dann nötig, wenn der Hund an der Leine läuft. Hier nur einige Beispiele aus dem Alltag:

- Sie sind mit dem Hund in der Stadt oder in der Nähe von Straßen unterwegs.
- Sie sind in einem Gebiet unterwegs, in dem Leinenpflicht herrscht.
- Sie sind mit Ihrem jagdbegeisterten Vierbeiner in wildreichem Gebiet unterwegs.

VARIANTE 1 – ÜBEN LEVEL A

Diese Übung ist besonders, aber nicht nur, für junge und kleine Hund geeignet.

- Sie gehen mit dem angeleinten Hund in einer ablenkungsfreien, ruhigen Umgebung los.
- In dem Moment, in dem die Leine sich zu straffen beginnt, bleiben Sie kommentarlos stehen.
- Beobachten Sie den Hund wortlos.
- Sobald er irgendetwas tut, wodurch die Leine wieder locker wird (er dreht sich um, setzt sich, geht zu Ihnen zurück), gehen Sie erneut los.
- Beginnt sich die Leine wieder zu straffen, wiederholen Sie die vorherigen Punkte.

Wichtig: Achten Sie auf das Timing! Das heißt, im richtigen Moment stehen zu bleiben. Der Hund soll an straffer Leine möglichst keinen Schritt vorwärtskommen.

VARIANTE 1

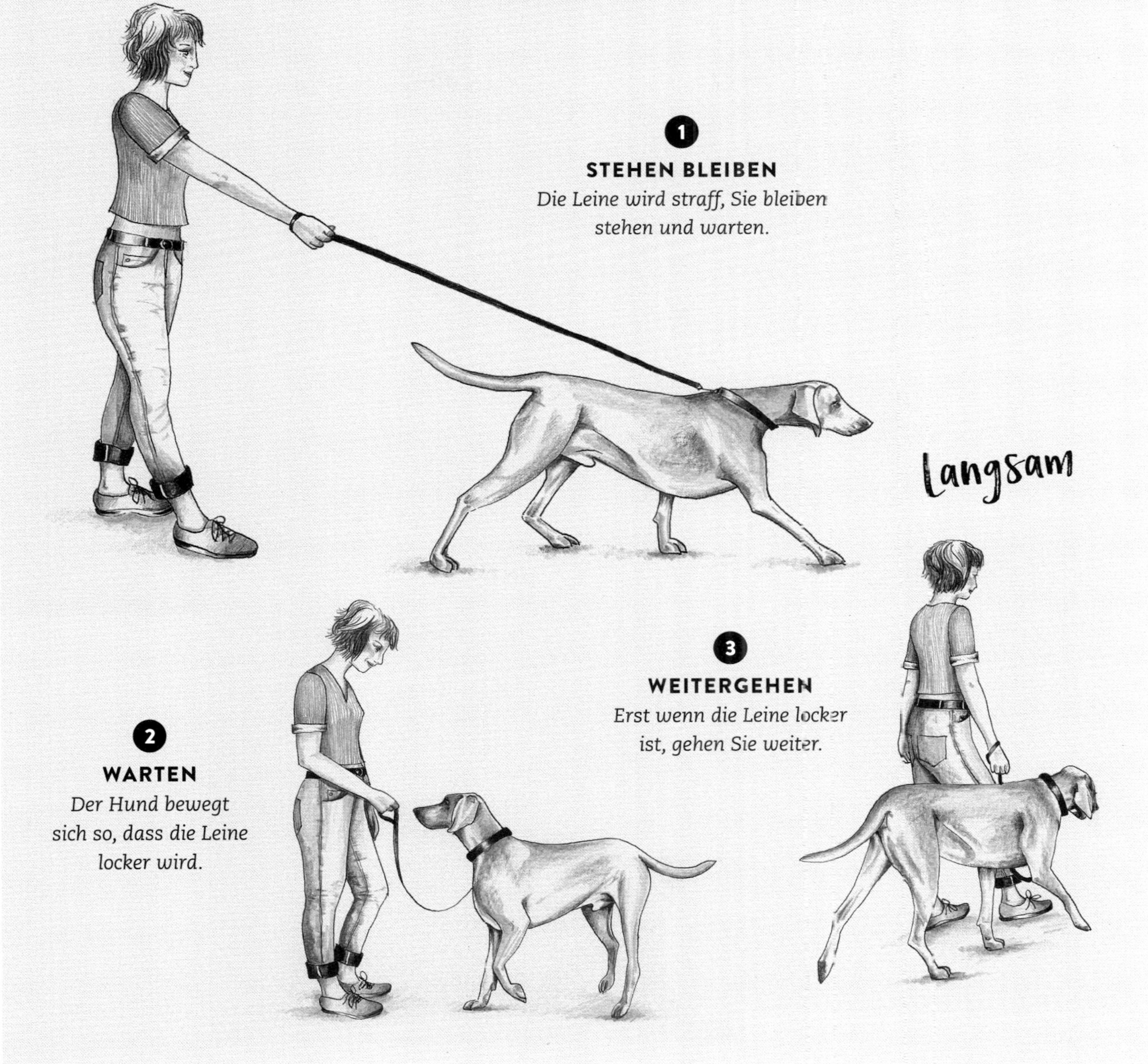
1
STEHEN BLEIBEN
Die Leine wird straff, Sie bleiben stehen und warten.
langsam
2
WARTEN
Der Hund bewegt sich so, dass die Leine locker wird.
3
WEITERGEHEN
Erst wenn die Leine locker ist, gehen Sie weiter.

VARIANTE 1 – ÜBEN LEVEL B

Sie gehen wieder mit dem angeleinten Hund in einer ruhigen, ablenkungsfreien Umgebung los.

- Wieder bleiben Sie kommentarlos stehen, falls sich die Leine zu straffen beginnt.
- Da Ihr Hund das nun schon kennt, warten Sie nicht, bis die Leine locker wird, sondern bis er sich nach Ihnen umschaut oder sich gar auf Sie zubewegt.
- Nun gehen Sie weiter.
- Sind es schon einige Meter, die er an der lockeren Leine läuft, sagen Sie währenddessen mehrmals ein Hörzeichen. Zum Beispiel »Langsam«.
- Ist er ein Stück an der lockeren Leine gegangen, geben Sie ihm einen Happen oder sein Spielzeug.

VARIANTE 1 – ÜBEN LEVEL C

- Sie haben Ihren Hund an der Leine.
- Lassen Sie ihn aus einigen Metern Entfernung zusehen, wie ein Helfer einen Napf mit zwei, drei Häppchen auf den Boden stellt.
- Warten Sie nun, bis die Leine locker ist – und idealerweise, bis der Hund sich zu Ihnen orientiert.
- Nun gehen Sie so lange in Richtung Futternapf, solange die Leine locker ist. Klappt das mehrere Meter, sagen Sie zusätzlich wieder Ihr Hörzeichen. Andernfalls lassen Sie es noch weg.
- Bleiben Sie stehen, falls der Vierbeiner nach vorn drängt, und warten Sie mit dem Weitergehen, bis die Leine wieder locker ist.
- Haben Sie und der Hund den Napf an lockerer Leine erreicht, darf er die Happen fressen.

Wichtig: Achten Sie besonders kurz vor dem Ziel darauf, dass die Leine nicht doch noch straff wird. Sonst belohnt der Vierbeiner sich nämlich dafür.

VARIANTE 2 – ÜBEN LEVEL A

- Gehen Sie mit dem angeleinten Hund kommentarlos und entschlossen in ruhiger, für ihn langweiliger Umgebung los. Die Leine halten Sie am Ende und nur mit einer Hand.
- Läuft er an lockerer Leine mit, nennen Sie wieder einige Male Ihr Hörzeichen.
- Driftet der Hund nach vorn weg, kehren Sie – ohne langsamer zu werden – auf dem Absatz um, kurz bevor die Leine straff wird. Haben Sie die Leine in der linken Hand, dann kehren Sie nach rechts um und umgekehrt.
- Gehen Sie entschlossen weiter.
- Wird der Vierbeiner wieder zu schnell, kehren Sie erneut um.

Wichtig: Kehren Sie so um, dass der Vierbeiner zwar die Richtung wechseln muss, aber kein starker Ruck entsteht.

VARIANTE 2 – ÜBEN LEVEL B

- Sie gehen wie bei Variante 2 – Level A los.
- Machen Sie wiederholte Wendungen wie bei Level A. Jetzt auch, wenn der Vierbeiner nicht nach vorn drängt.
- Der Hund dreht sich nun schon meist so mit Ihnen um, dass die Leine locker bleibt.
- Dafür können Sie ihm direkt nach einem solchen Richtungswechsel im Gehen ein Häppchen geben.
- Läuft der Hund an lockerer Leine neben oder etwas hinter (nicht vor!) Ihnen, bleiben Sie abrupt kommentarlos stehen. Bleibt er auch stehen und schaut Sie vielleicht sogar an, ist eine Belohnung fällig. Denn das zeigt, dass er sich gut an Ihnen orientiert.
- Danach gehen Sie wieder entschlossen weiter und wiederholen die Richtungswechsel und Stopps ein paar Mal.

Wichtig: Falls der Vierbeiner beim 5. Punkt nicht stehen bleibt, sondern weiterläuft oder sich beispielsweise auf Bodengerüche konzentriert, kehren Sie gleich wieder um und gehen entschlossen weiter.

VARIANTE 2

1

VORWEG LAUFEN

Der Hund läuft zu schnell. Gleich wird die Leine straff.

2

UMKEHREN

Kehren Sie entschlossen auf dem Absatz um und gehen Sie zügig weiter.

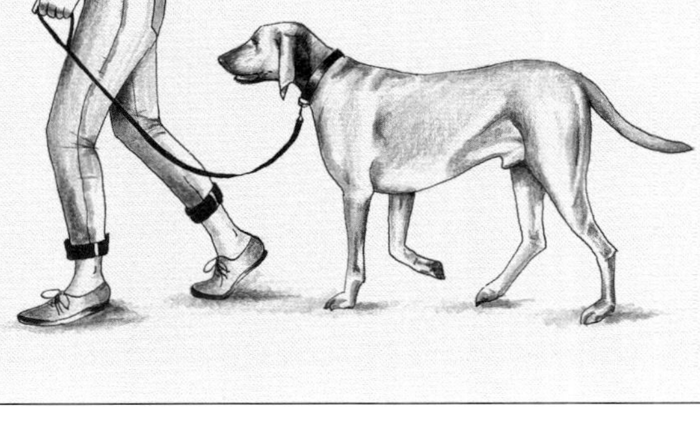

3

MITLAUFEN

Nun läuft der Hund mit Ihnen mit.

VARIANTE 3 – ÜBEN LEVEL A

- Sie führen den Hund links. Verstauen Sie genügend weiche Happen in der linken Jackentasche.
- Die Leine halten Sie mit der rechten Hand so, dass sie locker durchhängt. Der Hund befindet sich links.
- Zeigen Sie dem Hund ein Häppchen und lassen Sie es dann so hinter sich fallen, dass der Vierbeiner es an lockerer Leine erreichen kann.
- Wiederholen Sie das dreimal.
- Holen Sie erneut zwei, drei Happen aus der Tasche und gehen Sie wortlos und entschlossen los. Ihre Hand mit den Leckerchen halten Sie höchstens auf Höhe Ihres Beines, besser noch etwas dahinter.
- Der Vierbeiner läuft mit. Schon nach wenigen Schritten lassen Sie wieder einen Happen neben oder leicht hinter sich fallen.
- Bleiben Sie kurz stehen, damit der Hund den Happen aufnehmen kann. Danach gehen Sie weiter und wiederholen den vorigen Punkt einige Male.

VARIANTE 3 – ÜBEN LEVEL B

- Die Intervalle vom Losgehen bis zum Fallenlassen eines Happens werden nach und nach länger.
- Läuft der Hund brav an lockerer Leine, kombinieren Sie das wieder mit Ihrem Hörzeichen.
- Die Happen haben Sie nun nicht mehr in der Hand, sondern holen sie erst aus der Tasche, wenn Sie sie fallen lassen möchten.

ANFORDERUNGEN STEIGERN

- Ist der Hund in ruhiger Umgebung leinenführig, trainieren Sie unter langsam steigender Ablenkung.
- Findet der Vierbeiner unterwegs beispielsweise eine Duftmarke interessant und Sie möchten ihn dorthin lassen? Dann nur an lockerer Leine. Wenn notwendig, so wie bei Variante 1 – Level C beschrieben.
- Beherrscht der Hund die Leinenführigkeit, wird aber doch mal »in Versuchung« geführt, erinnern Sie ihn mit »Langsam« an die lockere Leine.

TIPP

THEORIE UND PRAXIS

Ist man mit dem angeleinten Hund unterwegs, kann man nicht immer konzentriert üben, sondern muss auch mal zügig von A nach B. Dann behelfen Sie sich mit leckeren Happen oder etwas anderem für den Hund sehr Interessantem, das Sie ihm direkt vor die Nase halten und ihn so »führen« (etwa wie Bei Fuß Gehen, Level A, Seite 90). Hauptsache, er kommt nicht durch Zerren vorwärts!

WAS TUN, WENN ETWAS NICHT KLAPPT?

→ *Der Hund zerrt trotz Training immer wieder:* Es wird nicht konsequent darauf geachtet, dass er nicht zerrt.

→ *Der Hund reagiert im Training nicht auf das Verhalten seines Menschen:* Ist rundherum zu viel los? Platzt er vor Energie? Ist er ängstlich und zerrt, weil er flüchten will? Dann muss erst dieses Problem mithilfe eines Experten angegangen werden.

FALSCH

DIE BEIDEN HÄUFIGSTEN FEHLER BEIM ÜBEN

Wird der Hund beim Zerren wie hier beeinflusst, ist die Leine nachher nicht locker. Folglich bleibt natürlich auch der Erfolg aus.

VARIANTE 1

1

ZERREN

Wiederholtes Zurückzerren an der Leine mit Verbotsworten und im Gehen bringt nichts.

VARIANTE 2

2

ZIEHEN

Gehen Sie beim Umkehren eine Kurve, bleibt die Leine straff.

3

STRAFFE LEINE

Zerrt der Hund schon, ist es zu spät zum Umkehren – man zieht ihn lediglich in eine andere Richtung.

ÜBUNGEN **SICH BEHERR-SCHEN** UND **SICH LANG-WEILEN**

Nicht immer dreht sich alles um den Hund oder ist Action angesagt. Dann muss er sich anpassen und gelassen bleiben. Für viele Vierbeiner ist das normal, und es braucht kaum Übung. Andere müssen erst lernen, dass man mit Aufregung nicht weit kommt. Das ist sowohl zu Hause als auch unterwegs oft wichtig.

GÜLTIG FÜR BEIDE ÜBUNGEN

1. Sie erwarten Ruhe vom Hund, also strahlen Sie auch Ruhe aus. Das heißt: keine hektischen Bewegungen und keine hektische Stimme.
2. Wird ihm Ruhe durch Anbinden verordnet, sorgen Sie dafür, dass ihn keiner anspricht oder stört.
3. Üben Sie zumindest in der ersten Zeit mit dem etwas ausgepowerten Hund. Nicht dann, wenn er gerade vor Energie platzt. Das macht es Ihnen und dem Vierbeiner einfacher. Üben Sie zuerst zu Hause. Zeigt Ihr Hund sich dort gelassen, verlegen Sie die Übungen in andere Umgebungen und in den Alltag.
4. In beiden Übungsbereichen sagen Sie dem Hund nicht verbal, was er tun soll. Es gibt kein Kommando.

WICHTIG BEIM SICH-LANGWEILEN

- Bei dieser Übung bekommt der Hund keine Belohnung. Er lernt einfach, sich mangels Alternativen anzupassen und zu entspannen. Das ist zum Beispiel bei Besuchen im Restaurant wichtig.
- Grundsätzlich hilft es recht aktiven, unruhigen Vierbeinern, sich nur innerhalb eines überschaubaren Bereichs aufzuhalten. So lassen große offene Wohnbereiche mit diversen Beschäftigungsmöglichkeiten, vielleicht auch noch mit ablenkungsreichem Ausblick nach draußen, manchen Hund schwer zur Ruhe kommen. Dann kann eine variable Begrenzung durch Absperrgitter oder Möbelstücke helfen, dass der Hund in dem Bereich um Sie herum bleibt und so leichter entspannt.

WICHTIG BEIM SICH-BEHERRSCHEN

Hier findet der Vierbeiner selbst heraus, dass ihn letztlich nur ruhiges Verhalten ans Ziel bringt. Besonders gut tut das recht forschen, ungeduldigen Exemplaren. Dieses Prinzip eignet sich für verschiedenste Situationen. Sehr gut auch etwa für das Warten an der Futterschüssel. Sie stellen den gefüllten Napf in Ruhe auf den Boden, und erst dann geben Sie ihn frei. Da der volle Futternapf meist einen hohen Reiz ausübt, gewöhnen Sie Ihren Vierbeiner erst mit entsprechenden anderen Übungen daran, sich zu beherrschen. Hat er gelernt, dass sich das lohnt, klappt es auch mit dem Futternapf.

DIE FEINHEITEN

- Haben Sie Geduld und lassen Sie sich nicht von einem unruhigen Vierbeiner anstecken.
- Üben Sie nur dann, wenn Sie selbst in einer ruhigen, entspannten Stimmung sind.
- Planen Sie zum Üben zunächst eine halbe Stunde in sehr ruhiger Umgebung ein. Sehr wahrscheinlich brauchen Sie diese Zeit nicht ganz, aber Zeitdruck wäre für diese Übungen besonders kontraproduktiv.
- Denken Sie vor allem beim Sich-Langweilen an das Thema »Ignorieren« (→ Seite 36). Auch ein Blickkontakt reicht, um Unruhe des Vierbeiners zu belohnen.
- Bei Übungen im Bereich »Sich beherrschen« kommt es auf den richtigen Moment ihrer Reaktion an. Nur dann kann der Hund lernen, dass ihn in diesem Fall nichts außer Ruhe weiterbringt.

ÜBUNG 8

SICH BEHERR-SCHEN

TRAININGSPLAN

NACH SITUATION
Bei diesen Übungen gibt es keinen konkreten Aufbau, und Sie können durchaus mehrere »Baustellen« parallel bearbeiten.

WOCHENWEISE
Üben Sie auf alle Fälle mehrmals die Woche, je nachdem, was sich ergibt.

MIT RUHE
Üben Sie nicht mehrmals am Tag. Und nur dann, wenn Sie die nötige Geduld und Ruhe haben.

ZIEL
Auch wenn der Vierbeiner unbedingt etwas Bestimmtes haben möchte oder tun will, kann er lernen, sich zu beherrschen, anstatt vor Stress und Aufregung total aus dem Häuschen zu geraten.

NUTZEN DER IMPULSKONTROLLE
Die Impulskontrolle ist zum Beispiel in folgenden Situationen nützlich:

- Wenn Sie mit dem Hund spazieren gehen wollen und er Sie nicht fast umreißt, um sich zur Tür hinauszuquetschen.
- Wenn Sie seine Mahlzeit zubereiten können, ohne dass er kläffend an der Küchenanrichte und an Ihnen hochspringt.
- Wenn Sie sein Lieblingsspielzeug in der Hand halten können, ohne dass der Vierbeiner danach springt und schnappt.
- Wenn er auch bei offener Autotür brav wartet, bis Sie ihn aussteigen lassen.

ÜBEN: AUF DAS SPIELZEUG WARTEN
- Üben Sie im Haus. Ob mit oder ohne Leine, ist in diesem Fall egal.
- Halten Sie das Spielzeug – je nach Hundegröße – auf Bauch- oder Brusthöhe dicht am Körper. Der Hund soll es durch Springen nicht erreichen können.
- Solange er versucht, es zu erwischen, bleiben Sie kommentarlos und ruhig stehen. Ist der Hund gar zu stürmisch, drehen Sie sich lediglich etwas weg.
- Der Vierbeiner verhält sich nun ruhig.
- Sie beginnen, das Spielzeug langsam in Richtung Boden zu führen.
- In dem Moment, in dem der Hund wieder versucht, an sein Spielzeug zu kommen, stellen Sie sich sofort gerade hin.
- Verhält der Vierbeiner sich erneut ruhig, führen Sie das Spielzeug wieder in Richtung Boden – so weit, wie er sich ruhig verhält.

1

SPIELZEUG HOCHHALTEN

Sie halten das Spielzeug in der Hand, der Hund springt noch danach.

2

ZUM BODEN

Hört er mit dem Springen auf, bewegen Sie das Spielzeug ruhig in Richtung Boden.

3

UNRUHE

Der Hund will das Spielzeug wieder haben.

- Wiederholen Sie die vorhergehenden drei Punkte so oft wie nötig. Dadurch kommen Sie immer näher an den Boden.
- Der Vierbeiner wartet nun ruhig ab, das Spielzeug liegt am Boden.
- Warten Sie einige Momente.
- Nun gehen Sie auffordernd einen Schritt zurück und erlauben ihm so, sich sein Spielzeug zu nehmen.

Wichtig: Sobald das Spielzeug am Boden liegt, ist es näher beim Hund als bei Ihnen. Versucht er, es dort vor dem Auflösungssignal zu erwischen, treten Sie darauf oder heben Sie es rasch auf.

ÜBEN: DIE FÜTTERUNG IN RUHE ABWARTEN

- Sie gehen in die Küche, um das Futter vorzubereiten.
- Auf dem Weg dorthin wird der Vierbeiner ungeduldig, bellt und springt an Ihnen hoch.
- Sobald er damit beginnt, gehen Sie wortlos aus der Küche und setzen sich.
- Erst wenn der Hund sich wieder vollkommen ruhig verhält, gehen Sie erneut in die Küche.
- Fahren Sie so lange mit der Zubereitung fort, solange er sich ruhig verhält.
- Sobald er wieder unruhig wird, brechen Sie ab und verlassen erneut die Küche.
- Wiederholen Sie dieses Vorgehen so lange, bis das Futter letztlich einige Momente auf dem Boden steht und der Hund wartet.
- Nun geben Sie das Futter mit Ihrem Auflösungssignal für den Vierbeiner frei.

Wichtig: Achten Sie beim Abbruch der Übung darauf, dass sich das Futter auf der Küchenanrichte außer Reichweite des Hundes befindet.

ÜBEN: RUHIG ZUR TÜR HINAUSGEHEN

- Nehmen Sie den Vierbeiner an die relativ kurze, aber lockere Leine.

TIPP

SICHERES AUSSTEIGEN

Drängt Ihr Hund aus dem Auto, sobald sich die Tür öffnet, schieben Sie ihn so oft wieder zurück, bis er wartet. Nun leinen Sie ihn an. Auch danach heißt es warten. Erst nach einigen Momenten lassen Sie ihn ruhig aussteigen und sofort sitzen. Lassen Sie ihn nie ohne Erlaubnis herausspringen – egal ob Sie auf einem belebten Parkplatz oder in der Einöde parken. Nur so kann der Hund es zuverlässig lernen.

- Öffnen Sie nun langsam die Haustür einen Spalt.
- Schon möchte der Hund mit der Schnauze die Tür weiter aufdrücken und sich hindurchquetschen.
- Die Tür bleibt diesen Spalt weit offen oder wird wieder angelehnt.
- Der Vierbeiner macht einen Schritt zurück, oder er setzt sich.
- Sie beginnen wieder mit dem Öffnen der Tür, aber nur so weit, wie der Hund abwartet.

4

HOCHNEHMEN

Sie nehmen das Spielzeug erneut nach oben, der Hund verhält sich wieder ruhig.

5

AUF DEN BODEN

Nun schaffen Sie es, das Spielzeug auf den Boden zu legen, der Hund wartet noch immer ruhig.

6

WARTEN

Warten Sie ein paar Momente, dann geben Sie das Spielzeug frei.

- Sobald er erneut Anstalten zum Losstürmen macht, geht die Tür wieder weit genug zu.
- Das wiederholen Sie so lange, bis der Vierbeiner bei offener Tür ein paar Schritte davor wartet.
- Jetzt darf der Hund hinaus.

Wichtig: Die Leine soll verhindern, dass der Hund ungewollt zum Erfolg kommt. So können Sie ihn im »Notfall« noch zurückhalten. Doch eigentlich muss die Leine locker sein und der Hund nur durch das Schließen der Tür lernen, dass er sich beherrschen muss. Wenn Sie ihn jedoch aktiv mit der Leine zurückhalten, lernt Ihr Vierbeiner das nicht.

ANFORDERUNGEN STEIGERN

Üben Sie auf diese Art und Weise alle Vorgänge im Alltag, in denen der Hund ungeduldig ist:

- So geht etwa die Transportboxentür oder die Heckklappe des Autos wieder zu, wenn er nach draußen drängt. Oder Sie schieben ihn so oft wie nötig kommentarlos wieder zurück. Bleiben Sie frontal vor ihm und zu ihm gerichtet vor dem »Ausgang« stehen.
- Ist der Hund schon übermäßig stürmisch, wenn Sie sich zum Spaziergang fertig machen, brechen Sie den Vorgang – wie beim Zubereiten der Mahlzeit – immer dann ab, wenn der Hund unruhig wird.
- Gerät er aus dem Häuschen, wenn Sie ihm einen Kauknochen oder Ähnliches geben möchten, üben Sie mit ihm, wie in der Übung »Auf das Spielzeug warten« auf Seite 102 beschrieben.

WAS TUN, WENN ETWAS NICHT KLAPPT?

→ *Der Hund erwischt immer wieder mal das Spielzeug:* Dann sind Sie zu langsam. Beobachten Sie ihn besser und reagieren Sie schneller. Werden Sie aber nicht hektisch, sondern bleiben Sie trotzdem »cool«.

→ *Der Vierbeiner wird nicht ruhiger:* Überprüfen Sie Ihr Timing. Warten Sie zu lange mit dem Abbruch des Vorgangs, wenn der Hund schon zu ungeduldig ist? Oder verpassen Sie das Weitermachen, wenn er sich gerade ruhig verhält? Fehlt Ihnen manchmal die nötige Geduld, sodass Sie doch nachgeben, solange der Vierbeiner noch nicht entspannt ist? In all diesen Situationen kann er nicht erkennen, welches Verhalten ihm nun nutzt. Außerdem bestätigen Sie das falsche Verhalten, wenn er letztlich doch mit dem eigentlich unerwünschten Verhalten sein Ziel erreicht.

TIPP

STRESSFREI ÜBEN

Das Aussteigen aus dem Auto oder das Warten an der Haustür lassen sich schlecht im »realen« Alltag üben. Denn da sind Sie unter Zeitdruck, weil Sie von A nach B müssen. Üben Sie daher frei von Unternehmungen. Zum Beispiel das Aussteigen vor der Garage oder das Rausgehen, ohne dass der Hund schon »muss« und ohne dass Sie losgehen müssen. Nur so haben Sie die nötige Zeit, Geduld und Ruhe.

FALSCH

DIE BEIDEN HÄUFIGSTEN FEHLER BEIM ÜBEN

Es macht einen Unterschied, ob der Hund sich selbst zurücknimmt oder ob man eine Gehorsamsübung bzw. ein Verbot daraus macht.

1

VERBOT

Sie verbieten ihm, es zu nehmen. So lernt er nicht selbst, sich zu beherrschen.

2

KOMMANDO

Lassen Sie den Hund sitzen, wird daraus eine »Sitz«-Übung, kein Sich-selbst-Beherrschen.

ÜBUNG 9

SICH LANGWEILEN

TRAININGSPLAN

LEVEL A
Mindestens einmal täglich, möglichst jeden Tag, eine Woche lang.

LEVEL B
Ein- bis zweimal wöchentlich, wenn es sich ergibt, auch öfter, ein bis zwei Wochen lang.

LEVEL C
Einmal pro Woche oder wenn es sich ergibt, zusätzlich immer wieder Level A und B üben. Die Übung in den Alltag integrieren.

ZIEL

Wenn nichts geboten ist, keiner Zeit für ihn hat oder es notwendig ist, dass er sich »unauffällig« verhält, kann der Vierbeiner in der jeweiligen Situation abschalten und sich entspannt anpassen.

NUTZEN

Sowohl zu Hause wie auch unterwegs ist es oft notwendig, dass der Vierbeiner sich anpasst. Dazu ein paar Beispiele aus dem Alltag:

- Sie machen mit den Kindern Hausaufgaben.
- Sie haben den Hund im Lokal dabei.
- Sie sind mit ihm zu Besuch bei Freunden.

ÜBEN LEVEL A

- Der Hund war gerade spazieren oder hat gespielt und sich gelöst. Er hat keine überschüssige Energie mehr.
- Am besten sind Sie allein zu Hause. Legen Sie eine Decke oder ein Hundekissen, das sonst auf dem Hundebett liegt, neben den Tisch.
- Machen Sie den Hund dort nun mit der Leine am Tischbein fest. Diese ist höchstens etwas länger als der Vierbeiner.
- Setzen Sie sich mit einem Buch oder einer Tasse Kaffee gemütlich so an Ihren Tisch, dass der Hund nah bei Ihnen ist. Er sollte allerdings nicht auf Ihren Schoß gelangen. Verlassen Sie nun Ihren Platz für etwa eine halbe Stunde nicht.
- Beachten Sie Ihren Vierbeiner nicht mehr, egal was er tut. Das heißt, Sie sagen nichts, schauen ihn nicht an und berühren ihn nicht.
- Irgendwann legt der Hund sich hin. Sie beachten ihn weiterhin nicht.
- Zehn Minuten sollte die Phase, in der der Vierbeiner ruht, mindestens dauern. Beenden Sie nun Ihr »Kaffeestündchen«. Stehen Sie kommentarlos auf und machen Sie den Hund von der Leine ab. Er kann nun liegen bleiben, aber auch etwas anderes tun, zum Beispiel spielen.

1

AUSPOWERN

Der Hund hat im Vorfeld genügend Energie abgebaut

2

ANBINDEN

Er wird an nicht zu langer Leine und bei immer gleicher Decke am Tischbein angebunden.

ALTERNATIVE

3

HUNDEBOX

Eine Box bietet bei Trubel einen geeigneten Rückzugsraum.

Wichtig: Sie müssen bei dieser Übung nichts auflösen, denn Sie haben dem Hund kein Kommando gegeben. Daher braucht er auch kein Lob und keine Belohnung. Das würde sogar eher Unruhe in die Situation bringen. Wenn möglich, üben Sie nicht nur am selben Tisch, und dehnen Sie die Zeit langsam aus.

ÜBEN LEVEL B

- Der Vierbeiner wurde vorher ausgelastet, etwa durch einen Spaziergang oder eine Spielrunde.
- Sie legen die gewohnte Decke neben den Tisch und machen den Hund wiederum mit der Leine am Stuhlbein fest.
- Jetzt sitzen nicht nur Sie am Tisch, sondern mindestens eine weitere Person.
- Keiner beachtet den Hund.
- Unterhalten Sie sich »unaufgeregt«.
- Sobald der Hund relaxed am Tisch liegt, warten Sie wieder mindestens 10 Minuten, bis Sie aufstehen und den Vierbeiner ableinen.

Wichtig: Dehnen Sie auch hier die Zeit nach und nach aus und üben Sie an unterschiedlichen Tischen, zum Beispiel auch auf der Terrasse.

ÜBEN LEVEL C

- Der Vierbeiner wurde wiederum gut ausgelastet.
- Sie besuchen mit Familie, Hund und seiner gewohnten Decke zu einer ruhigen Zeit zum Beispiel eine Pizzeria oder ein Café.
- Suchen Sie sich einen Tisch in einer ruhigen Ecke.
- Legen Sie die Decke an eine Stelle am Tisch, die möglichst weit weg vom »Durchgangsverkehr« ist.
- Machen Sie den Vierbeiner wie gewohnt am Tisch- oder Stuhlbein (was sich strategisch am besten anbietet) mit der Leine fest.
- Niemand beachtet den Vierbeiner.
- Am Ende lösen Sie die Leine vom Tischbein und gehen mit dem angeleinten Hund aus dem Lokal.

Wichtig: Café oder Pizzeria sind deshalb gut, weil die Dauer des Aufenthalts dort zeitlich überschaubar ist. Ein mehrgängiges Menü würde deutlich länger dauern. Alternativ nehmen Sie den Vierbeiner zuerst zum Kaffeekränzchen bei Freunden mit. Wichtig ist aber immer, dass der Hund in Ruhe gelassen wird. Sonst kann er nicht abschalten.

ANFORDERUNGEN STEIGERN

- Wenn sich direkt beim Hundebett eine Anbindemöglichkeit befindet, machen Sie den Hund auch regelmäßig dort fest. Sie setzen sich ein paar Meter entfernt an den Tisch oder auf das Sofa. Er kennt das Prozedere schon, und sein Bett verbindet er sowieso mit Ruhe. Dann kann er auch abschalten, wenn Sie ein Stück entfernt sind.
- Gehen Sie nun auch in belebtere Umgebungen, wie zum Beispiel bei schönem Wetter in den Biergarten oder in ein Café.
- Auch die Dauer steigt mit den Anforderung im Alltag.
- Passt der Vierbeiner sich problemlos an und ist er nicht empfindlich bei Untergründen, können Sie die Decke auch weglassen. Dann müssen Sie sie nicht mehr ins Lokal usw. mitnehmen.

WAS TUN, WENN ETWAS NICHT KLAPPT?

→ *Der Hund bleibt unruhig:* Vielleicht braucht er noch ein paar Minuten. Lassen Sie ihm noch etwas Zeit. Wird er auch wirklich nicht gestört? Oder ist die Leine zu lang? Dann hat er zu viel Bewegungsfreiraum. Manchmal hilft es, ihm anfangs gleich beim Anbinden eine Kaustange zu geben.

→ *Der Hund untersucht immer den Boden:* Das kann passieren, wenn der Untergrund zum Beispiel Wiese, Waldboden oder Kies ist. Üben Sie erst noch eine Zeit lang auf langweiligem Untergrund (Steinboden, Asphalt). Eventuell ist der Vierbeiner auch nicht genügend ausgelastet.

FALSCH

DIE BEIDEN HÄUFIGSTEN FEHLER BEIM ÜBEN

Zu wenig Ruhe, zu viele Alternativen oder eine Überforderung machen es dem Hund vor allem zu Beginn schwer, sich anzupassen.

1

ABLENKUNG

Die Leine ist zu lang, und der Hund wird gestört.

2

ABLEGEN VERLANGEN

Legen Sie ihn mit »Platz« ab, müssen Sie ihn kontrollieren und womöglich korrigieren. Das erzeugt Unruhe und Stress für beide.

KÖRPERPFLEGE, **ALLEIN BLEIBEN,** ETWAS HERGEBEN

Dass der Hund sich von Ihnen überall anfassen lässt, beispielsweise auch wenn er sich verletzt hat, mal ein paar Stunden allein bleibt und sich gefährliche oder »verbotene« Gegenstände abnehmen lässt, gehört ebenso zum »Pflichtprogramm«. Denn diese Dinge ersparen so manche ungute Situation im Zusammenleben.

GÜLTIG FÜR ALLE DREI ÜBUNGEN

Wie in vielen anderen Bereichen zum Thema Hundeerziehung sind auch hier Ruhe und Souveränität gefragt. Also keine Hektik, kein Schimpfen, kein Redeschwall.

WICHTIG BEI DER KÖRPERPFLEGE

Es sollte selbstverständlich sein, dass Sie Ihren Hund jederzeit überall anfassen können. Das ist vor allem dann wichtig, wenn der Hund eine Zecke hat, ein Dorn im Ballen steckt oder Ohrentropfen braucht. Bei vielen Vierbeinern ist das gar kein Problem, andere haben überhaupt keine Lust darauf. Dass der Vierbeiner dabei stillhält, lernt er dadurch, …

- … dass er sich nicht durch Zappeln entziehen kann.
- … dass es sich für ihn lohnt, sich ruhig zu halten. Denn erst dann hören Sie auf.
- … dass Sie genau im richtigen Moment aufhören.
- … dass Sie weder zögerlich noch grob sind.
- … dass Sie in kleinen Schritten vorgehen, besonders bei einem zappeligen Exemplar.

WICHTIG BEIM ALLEINBLEIBEN

Dass der Vierbeiner ein paar Stunden allein bleiben kann, ist praktisch und manchmal unumgänglich. Deshalb sollte das jeder Hund lernen. Für viele ist es, schrittweise daran gewöhnt, überhaupt kein Problem. Schwieriger wird es, wenn ein Hund sehr »klebt« und seinem Menschen auch in der Wohnung stets auf Schritt und Tritt folgt. Nützlich und wichtig für das Alleinbleiben ist Folgendes:

- Dass der Hund grundsätzlich abschalten kann (→ Sich langweilen, Seite 108).
- Ein begrenzter Radius, wenn er allein ist – beispielsweise nur der Flur.
- In der ersten Zeit und somit für kürzeres Alleinbleiben die Unterbringung in einer Box.
- Keine Verabschiedungs- und Begrüßungsszenen, keine Happen, weder beim Weggehen noch beim Zurückkommen. Allein zu bleiben, soll für den Hund weder etwas besonders Tolles noch etwas Negatives sein, sondern einfach alltäglich werden.
- Beim Alleinbleiben wird kein bestimmtes Verhalten vom Hund erwartet. Er soll lediglich entspannt bleiben. Beachten Sie deshalb den Tipp auf Seite 120.
- Es gibt hier kein Hörzeichen, das der Hund befolgen muss. Nur ein Wort, das ihm ankündigt, dass Sie weggehen – etwa »Warten«.

WICHTIG BEIM ETWAS-HERGEBEN

Hat der Hund etwas erwischt, das er nicht haben soll, ist es das Ziel, dass er Ihnen den Gegenstand gibt oder ihn fallen lässt. Nicht aber, dass er damit wegrennt. Deshalb ist es wichtig, dass Sie …

- … Ruhe bewahren.
- … nicht auf Ihren Vierbeiner zugehen.
- … ihm nicht nachlaufen.
- … nicht mit ihm schimpfen.

Erinnern Sie sich – er lernt am Erfolg. Wenn Sie ihn bedrohen und verfolgen, wird er stets auf der Hut sein und rechtzeitig samt Beute das Weite suchen.

ÜBUNG 10

DIE KÖRPER-PFLEGE

TRAININGSPLAN

MIT EINZELNEN KÖRPERPARTIEN BEGINNEN

Üben Sie Körperpflegemaßnahmen mehrmals wöchentlich ein- bis zweimal täglich. Solange der Vierbeiner noch nicht so viel Geduld hat, nehmen Sie sich nur eine Körperregion pro Übungseinheit vor. Dann aber mit der Zeit auch mehrere. Bei sehr kooperativen Vierbeinern oder wenn der Hund Ihre Wellnessbehandlung sogar genießt, können Sie auch gleich das ganze Programm abspulen.

KÖRPERPFLEGE AUSWEITEN

Sie können die Bandbreite auch selbst noch ausweiten, indem Sie beispielsweise den Bauch dazunehmen. Da Sie den Vierbeiner dabei auf den Rücken rollen müssen, am besten aus dem Liegen, ist es gut, wenn er bereits andere Duldungsübungen mit sich machen lässt.

ZIEL

Ihr Vierbeiner lässt sich jederzeit problemlos überall anfassen.

NUTZEN

Solche Duldungsübungen sind sowohl zu Hause als auch unterwegs nützlich. Zum Beispiel, wenn …

- … der Hund mit schmutzigen Pfoten heimkommt.
- … er sich unterwegs einen Dorn eingetreten hat.
- … Sie ihm eine Zecke entfernen müssen.
- … Sie mit dem Vierbeiner etwa wegen Ohrenproblemen zum Tierarzt gehen und dieser seine Ohren untersuchen möchte.
- … sich ein Stück Holz in den Zähnen des Vierbeiners verklemmt hat.

ÜBEN

Am besten beginnen Sie mit dem Welpen, und dann, wenn er schon müde ist. Gehen Sie vor, wie im Folgenden beschrieben. Üben Sie zu Hause. Das Beispiel beschreibt das Abputzen der Pfoten. Nach dem gleichen System gehen Sie bei anderen Körperregionen wie etwa Augen und Ohren vor. Für die Gebisskontrolle gibt es eine gesonderte Anleitung auf Seite 117.
Loben Sie den Hund am Ende der jeweiligen Übung zusätzlich dazu, dass Sie ihn nicht mehr anfassen, auch mit der Stimme.

DIE PFOTEN ABPUTZEN – ÜBEN LEVEL A

- Leinen Sie den Vierbeiner an, damit er nicht entwischen kann. Ob er sitzt, liegt oder steht, ist egal.
- Nehmen Sie eine Vorderpfote kurz in die Hand und lassen Sie sie wieder los, solange der Vierbeiner sich nicht wehrt.
- Bleibt er entspannt, halten Sie die Pfote etwas länger fest. Will er sie wegziehen, halten Sie sie bestimmt und ruhig fest. Sagen Sie dabei nichts.
- Sobald er sich wenige Sekunden ruhig verhält, lassen Sie die Pfote los.

1

LANGSAM AUFBAUEN

Anfangs putzen Sie die Pfote nur kurz ab und dehnen die Zeitspanne erst allmählich aus. Hören Sie zunächst möglichst auf, bevor (!) der Hund zu »protestieren« beginnt. Das optimale Timing ist dabei sehr wichtig.

Können Sie Ihren Hund jederzeit überall anfassen – egal ob er eine Zecke hat, Ohrentropfen braucht oder ein Stück Holz zwischen seinen Zähnen steckt –, ist das sehr hilfreich. Gewöhnen Sie ihn in so kleinen Schritten wie nötig daran.

- Wenn er die Pfote einige Sekunden ruhig halten kann, sagen Sie zu Beginn der Übung stets »Pfote«.
- Steigern Sie die Dauer allmählich.

Wichtig: Üben Sie nicht zu lange am Stück. Zwei- oder dreimal die Pfote festhalten reicht. Wechseln Sie die Pfoten ab. Verhalten Sie sich sicher und bestimmt.
Bei der Ohren- oder Augenpflege heben Sie das Hängeohr kurz an bzw. berühren Sie den Ansatz des Stehohrs, beim Auge die Nähe des unteren Randes. Ziehen Sie das untere Lid allmählich etwas nach unten. Hörzeichen sind »Ohren«, bzw. »Augen«.

DIE PFOTEN ABPUTZEN – ÜBEN LEVEL B

- Leinen Sie den Hund wieder an.
- Legen Sie sich ein Handtuch zurecht.
- Sagen Sie »Pfote«. Nehmen Sie danach die Pfote sofort in die eine Hand, das Handtuch in die andere.
- Berühren Sie die Pfote mit dem Handtuch.
- Hält der Hund still, lassen Sie die Pfote wieder los.
- Steigern Sie die Dauer.

Wichtig: Bleiben Sie konsequent und lassen Sie nicht los, falls der Vierbeiner sich wehrt.
Bei der Ohren- oder Augenpflege ersetzen Sie das Handtuch durch ein Tuch, mit dem Sie die Augenwinkel bzw. den äußeren Gehörgang säubern.

DIE PFOTEN ABPUTZEN – ÜBEN LEVEL C

- Leinen Sie den Vierbeiner wieder an.
- Sagen Sie »Pfote«.
- Nun heben Sie eine Pfote an und wischen sie ab.
- Zuerst nur relativ kurz.
- Steigern Sie die Dauer so weit, wie es notwendig ist.

DIE PFOTEN ABPUTZEN – ÜBEN LEVEL D

- Leinen Sie den Hund wie gewohnt an.
- Säubern Sie zuerst eine Pfote.
- Nun säubern Sie die zweite.

TIPP

DIE PFLEGE DES FELLS

Auch das Bürsten gehört zur Körperpflege und ist für viele Vierbeiner Wellness pur. Bei kurzhaarigen Hunden ist es einfach, bei längerem Fell achten Sie darauf, den Hund nicht zu ziepen. Dehnen Sie die Fellpflege anfangs nicht zu lange aus. Je müder der Hund ist, umso besser. Möchte er dauernd die Bürste nehmen, geben Sie ihm gleich zu Beginn etwas zum Knabbern. Dann ist er beschäftigt.

Wichtig: Halten Sie auch einmal ein kleines Fläschchen über das Auge bzw. an das Ohr – als Vorübung für die Verabreichung eventueller Augen- oder Ohrentropfen.

ANFORDERUNGEN STEIGERN

Dehnen Sie die Übung nach und nach so aus, dass Sie alle vier Pfoten säubern können. Untersuchen Sie auch die Zehenzwischenräume. Üben Sie an wechselnden Orten. Also zu Hause wie unterwegs, zum Beispiel, wenn Sie zu Besuch bei Freunden sind. Augen- und Ohrentraining erweitern Sie ebenfalls, bis Sie beide Augen und beide Ohren am Stück kontrollieren können.

DAS GEBISS KONTROLLIEREN – ÜBEN LEVEL A

Mit dieser Übung beginnen Sie am besten dann, wenn Ihr Hund entweder von sich aus keine Probleme mit der Körperpflege macht oder wenn er schon durch die Pfotenübung gelernt hat, Berührungen und Manipulationen an ihm zu dulden.

- Leinen Sie den Hund an.
- Legen Sie Ihre Hand kurz von oben über den Fang des Hundes.
- Nehmen Sie sie weg, bevor er sich entziehen will.
- Ist er zappelig, lassen Sie die Hand so lange über dem Fang, bis der Hund kurz stillhält.
- Dann nehmen Sie die Hand weg.
- Steigern Sie die Dauer allmählich.

Wichtig: Wenn Ihre Hand über dem Fang liegt, während der Hund zappelig ist, achten Sie darauf, dass Sie die Lefzen nicht gegen die oberen Fangzähne drücken. Das tut dem Hund weh.

DAS GEBISS KONTROLLIEREN – ÜBEN LEVEL B

- Leinen Sie den Vierbeiner an.
- Sagen Sie »Zähne« und legen Sie die Hand über den Fang des Hundes.
- Nach einigen Sekunden nehmen Sie sie wieder weg.

DAS GEBISS KONTROLLIEREN – ÜBEN LEVEL C

- Der Hund ist wieder angeleint.
- Sagen Sie »Zähne«.
- Gleich danach legen Sie die Hand über den Fang und ziehen die Lefzen auf beiden Seiten kurz hoch.
- Nehmen Sie die Hand wieder weg.
- Ziehen Sie die Lefzen nach und nach etwas länger hoch. So lange, bis Sie alle Zähne auf beiden Seiten anschauen können.

ANFORDERUNGEN STEIGERN

Sie können nun die zweite Hand dazunehmen. Sie umfasst während der Übung aus Level C zunächst zusätzlich den Unterkiefer. Auch hier dehnen Sie die Zeit etwas aus. Bis Sie letztlich das Maul öffnen.
Üben Sie auch die Gebisskontrolle nicht nur zu Hause, sondern auch unterwegs oder bei Freunden.

WAS TUN, WENN ETWAS NICHT KLAPPT?

Hält der Vierbeiner sich nicht ruhig, kann das folgende Ursachen haben:

- Sie haben die Zeit der Berührung zu Beginn gleich zu lange ausgedehnt.
- Sie sind insgesamt zu wenig souverän im Umgang mit dem Hund.
- Das Timing stimmt nicht, das heißt, Sie haben doch das eine oder andere Mal losgelassen, während er noch zappelig war.
- Der Vierbeiner hat zu viel Energie.
- Die Umgebung ist zu unruhig.

Wenn Sie an diesen Punkten etwas ändern können, wird sich das bereits positiv auswirken. Bei sehr zappeligen Exemplaren oder wenn Sie selbst noch nicht ganz so souverän sind, beginnen Sie mit einer sehr einfachen Duldungsübung, aber nach demselben Prinzip wie bei den anderen Übungen: Legen Sie die Hand zunächst kurz, dann immer länger einfach auf das Fell. Dann steigern Sie das und suchen gezielt an einer Stelle nach imaginären Zecken oder Hautveränderungen.

Wichtig: Hat Ihr Hund grundsätzlich Angst vor dem Anfassen und/oder reagiert er vor allem jenseits des Welpenalters mit Knurren, Schnappen oder Ähnlichem, dann haben Sie ein größeres Problem. Üben Sie nicht weiter, sondern holen Sie sich umgehend kompetente Hilfe. Denn in diesem Fall ist es unbedingt notwendig, dass sich ein Hundespezialist Ihre Mensch-Hund-Beziehung vor Ort ansieht, um herauszufinden, warum der Vierbeiner sich so verhält.

ÜBUNG 11

ALLEIN BLEIBEN

TRAININGSPLAN

VARIANTE 1 BIS 3

ALLE LEVEL

Bauen Sie die Übungen mehrmals wöchentlich dann ein, wenn es passt. Das heißt, wenn der Hund wirklich ausgelastet ist, einen müden Eindruck macht und niemand sonst zu Hause ist. Schleichen Sie sich aber nicht weg, wenn er schläft. Dabei lernt er nichts.

ZIEL

Der Hund bleibt auch einige Stunden entspannt und ohne etwas »anzustellen« allein.

NUTZEN

Sicher haben Sie Ihren Hund am liebsten überall dabei. Aber manchmal ist das nicht möglich. Dass er dann allein bleibt, ist zum Beispiel praktisch, …

- … wenn Sie stundenweise auswärts arbeiten.
- … wenn Sie einen Arzttermin haben.
- … wenn Sie Ihren Wocheneinkauf erledigen.
- … wenn Sie abends ins Theater gehen.

VARIANTE 1: ZU HAUSE BEGINNEN – ÜBEN LEVEL A

Es gibt Hunde, die keine großen Vorübungen brauchen, außer, dass Sie die Dauer des Alleinseins langsam steigern. Aber es gibt auch solche, die mehr Vorbereitung nötig haben. Beginnen Sie bei der Stufe, die Ihr Hund noch nicht beherrscht. Auch bei den Übungen zum Alleinbleiben ist es gut, wenn der Hund müde ist.

- Gehen Sie kommentarlos allein beispielsweise ins Bad und schließen Sie hinter sich die Tür.
- Bleiben Sie kurz dort, kommen Sie – ohne den Hund zu beachten – heraus, solange er noch ruhig ist.
- Falls er jammert oder an der Tür kratzt, warten Sie, bis er einige Momente ruhig ist. Erst dann kommen Sie aus dem Bad.
- Dehnen Sie die Zeit allmählich aus. Aber immer erst dann, wenn der Hund zuvor völlig ruhig war und auch entspannt wirkt, wenn er Sie wieder sieht.
- Gehen Sie in gleicher Weise in unterschiedliche Räume oder auch aus dem Zimmer, in dem Sie und der Hund gerade waren.

Wichtig: Schauen Sie Ihren Hund nicht direkt an, wenn Sie in den oder aus dem Raum gehen, und auch nicht, wenn Sie wieder in Sichtweite sind. So wirkt alles ganz normal und selbstverständlich auf ihn.

ENTSPANNT WARTEN
Erst wenn der Vierbeiner völlig entspannt ist, sobald Sie ohne ihn in ein anderes Zimmer gehen, bauen Sie das Alleinbleiben aus.

Wer im Umgang mit dem Vierbeiner souverän ist und ihn schrittweise ans Alleinbleiben gewöhnt, wird damit kaum ein Problem haben. Gehen Sie beim Aufbau langsam und so vor, wie es dem Wesen Ihres Hundes entspricht.

VARIANTE 1: ZU HAUSE BEGINNEN – ÜBEN LEVEL B

- Ihr Hund läuft Ihnen nun nicht mehr auf Schritt und Tritt nach, wenn Sie innerhalb der Wohnung aus seinem Sichtfeld verschwinden, und er ist entspannt.
- Sagen Sie nun jedes Mal beiläufig zum Beispiel »Warten«, bevor er Sie aus dem oder in einen anderen Raum »verschwinden« sieht.
- Steigern Sie die Dauer Ihrer Abwesenheit. Arbeiten Sie beispielsweise eine Zeit lang (je nach Hund etwa zwanzig Minuten oder auch länger) am Computer.

VARIANTE 1: ZU HAUSE BEGINNEN – ÜBEN LEVEL C

- Nun verlassen Sie mit »Warten« für einige Minuten die Wohnung. Bringen Sie den Müll hinaus und bleiben Sie eine Zeit lang draußen.
- Dehnen Sie Ihre Abwesenheit nach und nach aus (zum Beispiel zunächst kürzerer Einkauf beim nahen Bäcker, dann Einkauf im Supermarkt usw.).

Wichtig: Denken Sie daran – keine Verabschiedungs- und keine großen Begrüßungszeremonien. Auch kein Lob. Bei Ihrem Hund könnte sich dadurch eine Erwartungshaltung aufbauen, die ihm das ruhige Warten erschwert. Das »Warten« signalisiert ihm, dass er ab sofort total abschalten kann, weil niemand mehr da ist.

VARIANTE 2: ZU HAUSE BEGINNEN MIT DER BOX – ÜBEN LEVEL A

- Ihr Hund ist es gewohnt, eine Zeit lang in der Box zu bleiben, und ist dabei entspannt. Die Box steht am besten in dem Bereich, in dem er sich auch dann aufhalten soll, wenn Sie weg sind.
- Bringen Sie den Hund in seine Box. Tür schließen.
- Begeben Sie sich in ein anderes Zimmer.
- Nach kurzer Zeit und am besten, bevor der Hund eventuell jammert, kommen Sie wieder.
- Jammert er, warten Sie, bis er kurz ruhig ist.
- Ist er ruhig, sagen Sie »Warten«, bevor Sie gehen.
- Dehnen Sie die Zeit allmählich aus.

TIPP

VORSICHT FALLE!

Verwenden Sie für das Alleinbleiben nicht »Bleib«, wenn Sie es für die Bleib-Übung von Seite 67 verwenden. Denn dann müsste der Hund während Ihrer gesamten Abwesenheit exakt an der Stelle liegen bleiben, an der Sie ihn abgelegt haben. Da er sicher nicht Stunden dort liegen bleiben würde, würde Ihr echtes »Bleib« seine Bedeutung verlieren.

VARIANTE 2: ZU HAUSE BEGINNEN MIT DER BOX – ÜBEN LEVEL B

- Bringen Sie den Hund in die Box.
- Nun verlassen Sie mit »Warten« für einige Minuten die Wohnung. Bringen Sie den Müll hinaus und bleiben Sie eine Zeit lang draußen.

- Dehnen Sie Ihre Abwesenheit nun nach und nach aus (zum Beispiel zunächst kürzerer Einkauf beim nahen Bäcker, dann Einkauf im Supermarkt usw.).

Wichtig: Denken Sie auch hier daran, dass Verabschiedungs- und größere Begrüßungszeremonien Ihrem Vierbeiner das ruhige Warten erschweren!

VARIANTE 3: DAS AUTO ALS HILFE – ÜBEN LEVEL A

Viele Vierbeiner bleiben im Auto völlig problemlos allein. Das kann man sich zunutze machen für den Übergang zum Alleinbleiben in der Wohnung. Diese Variante ist nur dann empfehlenswert, wenn der Hund im Auto in einer Box untergebracht ist oder im Laderaum (mit oder ohne Box).

- Legen Sie dem Hund die gewohnte Decke in die Box bzw. in den Laderaum.
- Fahren Sie nun beispielweise zum Bäcker.
- Sagen Sie beim Aussteigen »Warten« und verlassen Sie das Auto.
- Steigen Sie beim Zurückkommen kommentarlos ein.

VARIANTE 3: DAS AUTO ALS HILFE – ÜBEN LEVEL B

- Dehnen Sie die Dauer Ihrer Abwesenheit nach und nach aus. Holen Sie etwa Ihr Kind von der Schule ab, fahren Sie etwas früher los und warten Sie außerhalb des Autos außer Sichtweite des Hundes.
- Sagen Sie jedes Mal »Warten«, wenn Sie aussteigen, und nichts, wenn Sie wieder einsteigen.

VARIANTE 3: DAS AUTO ALS HILFE – ÜBEN LEVEL C

- Legen Sie die Decke aus dem Auto daheim nun in den Bereich, in dem der Hund sich aufhalten soll, wenn niemand zu Hause ist. Sie können auch die Box aus dem Auto samt Decke dort platzieren.
- Sagen Sie »Warten«. Gehen Sie in den Nebenraum.
- Bleiben Sie dort zunächst etwas weniger lang, als der Hund es im Auto gewohnt ist.

VARIANTE 3: DAS AUTO ALS HILFE – ÜBEN LEVEL D

- Dehnen Sie nun die Zeit aus.
- Klappt das gut, verlassen Sie die Wohnung. Zunächst kurz, dann immer länger.

Wichtig: Üben Sie die Variante »Auto« nur, wenn es im Auto weder zu heiß noch zu kalt ist.

ANFORDERUNGEN STEIGERN

Steigern Sie das Alleinbleiben langsam auf einige Stunden. Beginnt man im Alter von etwa 12 Wochen, kann der Welpe mit einem halben Jahr drei bis vier Stunden allein bleiben. Ein erwachsener Hund schafft auch fünf Stunden. Länger sollte er nicht regelmäßig allein sein. Binden Sie ihn nie fest, wenn keiner daheim ist!

WAS TUN, WENN ETWAS NICHT KLAPPT?

→ *Der Vierbeiner hat etwas kaputt gemacht:* Schimpfen Sie ihn nicht! Räumen Sie das nächste Mal alles für ihn Erreichbare weg. Eventuell waren Sie zu lange weg, oder der Hund war nicht genügend ausgelastet. Ist er prinzipiell Langeweile gewohnt?

→ *Er jammert immer, wenn Sie verschwinden:* Üben Sie zunächst »Sich langweilen«, bis er längere Zeit entspannt in Ihrer Nähe und ein Stück entfernt liegt. Klappt das, gehen Sie aus dem Zimmer und wieder zurück. Bleiben Sie nur allmählich länger draußen. Führen Sie »Warten« ein, sobald er entspannt bleibt, wenn Sie das Zimmer für eine Minute verlassen.

→ *Er jammert nach einer längeren Zeit:* War der Sprung von der kürzeren Dauer zur längeren zu groß? Müssen Sie einmal länger weg, als es der Vierbeiner bisher gewohnt ist, brauchen Sie eine Betreuung.

ÜBUNG 12

ETWAS HERGEBEN

TRAININGSPLAN

VARIANTE 1

TAUSCHEN – LEVEL A
Mehrmals wöchentlich, ein- bis zweimal nacheinander.

TAUSCHEN – LEVEL B
Wenn Level A sitzt. Mehrmals wöchentlich, so lange, bis der Hund das Hörzeichen verknüpft hat.

TAUSCHEN – LEVEL C
Ein paar Mal pro Woche. Das Üben ist nötig, aber es soll dem Hund nicht ständig alles abgenommen werden.

VARIANTE 2

AUFMERKSAMKEIT UMLENKEN – LEVEL A
Für Level A reicht zweimal Üben mit einer Woche Abstand. Danach nur wenig, da sonst die Wirkung nachlässt.

AUFMERKSAMKEIT UMLENKEN – LEVEL B
Etwa dreimal pro Woche.

AUFMERKSAMKEIT UMLENKEN – LEVEL C
Üben, wenn sich die Situation draußen ergibt.

ZIEL

Der Vierbeiner hat etwas im Maul, das er auf Ihr Hörzeichen hin fallen lässt oder Ihnen gibt. Es gibt zwei Varianten, die Sie je nach Situation anwenden können.

NUTZEN

Immer wenn der Hund etwas »Verbotenes«, Unappetitliches oder gar Gefährliches im Maul hat. Das können zum Beispiel folgende Dinge sein:

- Ihr Handy oder ein Kinderspielzeug,
- eine tote Maus,
- eine giftige Pflanze.

VARIANTE 1: TAUSCHEN – ÜBEN LEVEL A

- Stecken Sie sich leckere Happen in die Tasche.
- Leinen Sie den Hund an.
- Geben Sie ihm sein Lieblingsspielzeug oder einen anderen Gegenstand, den er gern trägt.
- Nach einiger Zeit und solange er das Teil trägt, halten Sie ihm mit einer Hand einen Happen vor die Nase.
- Er lässt den Gegenstand los, Sie nehmen diesen mit der anderen Hand und geben ihm seinen Happen.

Wichtig: Der Happen muss für den Hund wertvoller sein als seine »Beute«.

VARIANTE 1: TAUSCHEN – ÜBEN LEVEL B

- Bereiten Sie wieder Happen vor und leinen Sie den Hund an.
- Geben Sie ihm etwas, das er gern trägt.
- Halten Sie ihm, wie oben beschrieben, den Happen vor die Nase.
- In dem Moment, in dem er die Schnauze öffnet, sagen Sie zum Beispiel »Danke« oder »Aus«.

Wichtig: Das Hörzeichen muss immer gleich sein. Sagen Sie es in verbindlichem Tonfall, nicht »böse« – es ist kein Tadel, sondern wie jedes andere Hörzeichen auch eine »Aufforderung«.

1

HAPPEN VOR DER NASE

Anfangs halten Sie dem Hund den Happen vor die Nase. Da er den Happen unbedingt haben will, gibt er den Gegenstand ab. In diesem Moment kommt Ihr Hörzeichen in normalem Ton – nicht tadelnd!

Es ist wichtig, dass Sie dem Hund etwas abnehmen können.
Durch Tauschen lernt er, dass es sich für ihn lohnt, etwas abzugeben.
Später sollte das auch ohne Futter klappen.
Im Notfall aber lieber gegen Futter tauschen als gar nicht.

VARIANTE 1: TAUSCHEN – ÜBEN LEVEL C

- Leinen Sie den Hund an.
- Die Happen haben Sie für den Hund nicht sichtbar in der Tasche oder in der Nähe.
- Er hat wieder einen Gegenstand im Maul.
- Fassen Sie mit einer Hand an den Gegenstand und sagen Sie gleichzeitig Ihr Hörzeichen.
- Nun haben Sie den Gegenstand in der Hand.
- Erst jetzt greifen Sie nach dem Leckerbissen und belohnen den Hund.

ANFORDERUNGEN STEIGERN

- Ihr Vierbeiner kennt nun das Hörzeichen. Üben Sie noch eine Weile angeleint. Ab und zu gibt es einen Happen, ab und zu nur stimmliches Lob oder Streicheleinheiten.
- Üben Sie mit unterschiedlich attraktiven Gegenständen, etwa mit fressbaren Dingen wie einem größeren Stück altes Brot, das nicht auf einmal geschluckt werden kann. Gibt der Hund so ein Highlight her, bekommt er mehrere Happen auf einmal.
- Wenn alles an der Leine klappt, üben Sie ohne.
- Ist der Hund samt Gegenstand nicht direkt bei Ihnen, reicht es, wenn er ihn auf Ihr Hörzeichen hin fallen lässt und sich die Belohnung abholt. Vorsicht – halten Sie den Hund dann fest, damit er sich das Teil nicht gleich wieder holt.

Wichtig: Eines Tages kommt der »Ernstfall« – der Hund hat etwas »Verbotenes« im Maul. Achten Sie nun darauf, genauso besonnen zu reagieren wie beim Üben.

WAS TUN, WENN ETWAS NICHT KLAPPT?

→ *Den Hund interessiert die Belohnung nicht:* Ist er zu satt, oder ist die Belohnung kein Highlight?

→ *Der Vierbeiner will mit seiner »Beute« weg:* Haben Sie, bevor Sie mit dieser Übung begonnen haben, den Hund verfolgt oder geschimpft, wenn er etwas im Maul hatte? Dann versucht er auch jetzt mit der Beute zu entkommen. Üben Sie lange genug an der Leine und mit entsprechend toller Belohnung.

→ *Er lässt den Gegenstand ohne Belohnung in Ihrer Hand nicht aus:* Hat er die Übung wirklich schon verstanden? Gehen Sie einen Schritt zurück. Hat der Vierbeiner jedoch Level C schon erreicht, dann nehmen Sie ihm den Gegenstand ruhig, aber entschlossen aus

TIPP

GEZIELT VORBEUGEN

Damit der Vierbeiner nicht ständig etwas zu fassen bekommt, was er nicht haben sollte, ist Aufräumen gefragt. Vor allem kleines Kinderspielzeug kann dem Hund gefährlich werden, wenn er es verschluckt. Aber auch Schuhe sind oft begehrt. Ist er erst mal erwachsen, gibt sich das meist. Manche Hunde tragen einfach gern Gegenstände herum. Dann ist spezielles Hundespielzeug das Richtige.

dem Maul. Nicht durch Zerren, sondern entweder durch Drehen oder durch Öffnen der Schnauze.

Wichtig: Verteidigt der Hund seine »Beute« durch Knurren, Schnappen oder Ähnliches, haben Sie ein ernstes Problem. Sie brauchen eine kompetente Person, die sich die Situation »live« ansieht.

VARIANTE 2: DIE AUFMERKSAMKEIT UMLENKEN – ÜBEN LEVEL A

- Verstauen Sie unbemerkt Lieblingsspielzeug, leckere Happen oder Ähnliches in Ihrer Kleidung.
- Lassen Sie eine Viertel- oder halbe Stunde vergehen.
- Setzen Sie sich gemütlich an einen Tisch, während der Vierbeiner an einem anderen Platz liegt und ruht (aber nicht schläft).
- Nach mindestens zehn Minuten stürzen Sie mit einem sehr spannenden, aufgeregten »Ja was ist denn das?!« plötzlich aus dem Nichts in eine Zimmerecke in entgegengesetzter Richtung zum Hund. Es soll so aussehen, als hätten Sie dort plötzlich etwas absolut Ungewöhnliches bemerkt, was Sie sich sofort genau anschauen wollen.
- Der Hund wird förmlich »mitgerissen« und läuft zu Ihnen.
- Nun ziehen Sie Ihr Highlight aus der Tasche, etwa sein Spielzeug, oder Sie geben ihm ein Häppchen.
- Schalten Sie anschließend den »Überraschungsmodus« ab und verhalten sich wieder normal.

Wichtig: Sagen Sie vor Ihrem Start nichts zum Hund. Schauen Sie auch nicht zu ihm. Stehen Sie auch nicht langsam auf. All das würde den Effekt verpuffen lassen. Also immer gleich von null auf hundert!

VARIANTE 2: DIE AUFMERKSAMKEIT UMLENKEN – ÜBEN LEVEL B

- Sie haben die Überraschung für den Hund parat, wieder ohne dass er es weiß.
- Warten Sie zu Hause auf eine Situation, in der der Hund etwas im Maul hat.
- Dann heißt es »Action« wie unter Punkt 4 bei Level A.
- Der Hund rennt Ihnen hinterher. Entweder hat er den Gegenstand schon beim Start fallen lassen oder er hat ihn noch im Maul. Dann tauschen Sie. Hat er ihn gar nicht mehr dabei, gibt's ebenfalls sein Spielzeug oder einen Happen wie bei Level A.

Wichtig: Behalten Sie den Hund dann kurz bei sich, bis gewährleistet ist, dass er den Gegenstand nicht erneut »erbeutet«.

VARIANTE 2: DIE AUFMERKSAMKEIT UMLENKEN – ÜBEN LEVEL C

- Sie gehen spazieren und haben das Highlight für Ihren Vierbeiner in der Tasche.
- Sie sehen, dass er eine tote Maus im Maul hat.
- Stürzen Sie sich sofort ein paar Meter entfernt (nicht in Richtung Hund!) auf irgendeinen Punkt am Boden oder im Gebüsch
- Der Hund kommt zu Ihnen, mit oder ohne Maus.
- Reagieren Sie wie unter Punkt 4 bei Level B. Auch bei einer toten Maus …

Wichtig: Schauen Sie sich nicht nach dem Hund um, während Sie zum »Überraschungspunkt« stürzen! Passen Sie auch hier wieder gut auf, dass er seine »Beute« nicht mehr erwischt.

ANFORDERUNGEN STEIGERN

Steigerungen gibt es keine. Wichtig ist aber, dass Sie schnell reagieren, wenn Ihr Hund etwas im Maul hat.

WAS TUN, WENN ETWAS NICHT KLAPPT?

→ *Der Hund reagiert nicht oder nur wenig:* Meistens verhält sich der Mensch zu wenig überraschend. Oder Sie machen das zu häufig. Ist der Hund generell schwer zu motivieren, ist diese Variante ungeeignet.

DIE ÜBUNG **ABBRUCH-SIGNAL** ALS CHANCE

Das Abbruchsignal gehört zwar nicht unbedingt zum »Pflichtprogramm« eines Familienhundes. Wer aber Lust auf eine nützliche »Fleißaufgabe« hat, hat damit eine gute Möglichkeit, seinen Vierbeiner exakt dann zu beeinflussen, wenn der gerade damit beginnt, etwas zu tun, was er besser lassen soll.

WARUM DAS ABBRUCHSIGNAL SINNVOLL IST

Was tun, wenn der Vierbeiner gerade dazu ansetzt, etwas zu tun, was Sie überhaupt nicht wollen? Dann ist guter Rat oft teuer.

Kommt er zuverlässig, wenn Sie ihn rufen, wäre dies das Optimale. Oder hilft ein »Nein« oder Ähnliches? Das wird häufig erfolglos überstrapaziert, weil es viel zu oft und »planlos« verwendet wird. Denn ein »Nein« wirkt nur dann, wenn der Hund damit schon Unangenehmes verbunden hat. Zum Beispiel durch Ihre entsprechende Körpersprache, Mimik und den Tonfall, wenn er etwa das Tischbein bearbeitet. Sie erinnern sich – die Bedeutung eines Wortes an sich kann der Hund nicht verstehen. Dazu kommt, dass es dem Hund oft schwerfällt, bei entsprechend starken Reizen umzukehren und zum Menschen zurückzukommen.

WAS FÜR DAS TRAINING WICHTIG IST

Manchmal ist es einfacher, den Vierbeiner zuerst in seinem verbotenen Tun zu unterbrechen, als zu versuchen, ihn zu sich zu rufen. Dafür eignet sich ein systematisch trainiertes Abbruchsignal. Dieses immer gleiche Hörzeichen gehört zwar nicht unbedingt zum Pflichtprogramm, ist aber nützlich. Es wirkt über Frustration. Das heißt, sobald der Hund das Signal hört, kommt er in eine frustrierte Stimmung und hört dadurch mit dem auf, was er gerade macht. Damit das Abbruchsignal wirkt, sind folgende Punkte zu beachten:

- Für das Training müssen dem Hund leckere Happen sehr wichtig sein.
- Die Übung muss sorgfältig aufgebaut werden.
- Sie müssen das Signal im Ernstfall im richtigen Moment geben – nämlich genau in dem Moment, in dem das unerwünschte Verhalten beginnt. Je mehr sich der Hund schon in das unerwünschte Verhalten vertieft hat, umso schwieriger wird es, ihn dann noch zu beeinflussen.
- Hat er sein Verhalten unterbrochen, müssen Sie den Vierbeiner danach sofort zu sich rufen. Warten Sie damit zu lange, besteht das Risiko, dass der Hund wieder mit dem unerwünschten Verhalten weitermacht. Kommt er zu Ihnen, gibt es dafür dann eine Belohnung.
- Sie sollten das Abbruchsignal nicht zu oft verwenden. Also gut dosieren und nur, wenn nichts anderes wirken würde.

FÜR WEN IST DIE ÜBUNG GEEIGNET?

Sehr gut wirkt es, wenn der Vierbeiner eine gute Beziehung zu seinem Menschen hat und ein eher feinfühliger, leichtführiger Vertreter seiner Art ist.

Auch sollte er im Falle eines Falles nicht zu weit von Ihnen weg sein. Denn wenn er Sie nicht mehr richtig hören kann, hat das Abbruchsignal wenig Sinn. Je näher er außerdem bei Ihnen ist, umso größer ist Ihr Einfluss.

Für Sie ist das Abbruchsignal dann eine Option, wenn Sie Ihren Hund sehr gut »lesen« und daher genau im richtigen Moment reagieren können. Beginnen Sie mit dieser Übung deshalb erst dann, wenn Sie entsprechend routiniert im Verstehen des Hundes sind.

ÜBUNG 13

DAS ABBRUCH-SIGNAL

TRAININGSPLAN

LEVEL A
Mehrmals täglich über mehrere Tage.

LEVEL B
Ebenfalls mehrmals täglich. So lange, bis die Übung wirklich sitzt.

LEVEL C
Das Gleiche gilt für Level C und jeden weiteren Ausbau. Erhöhen Sie die Anforderung immer erst dann, wenn Sie bei mehreren Trainingseinheiten nacheinander nicht eingreifen mussten.

ZIEL
Wenn der Hund dieses Signal hört, unterbricht er sofort das, was er gerade tut.

NUTZEN
Immer dann, wenn Sie unerwünschtes Verhalten im Ansatz unterbrechen möchten, also zum Beispiel, …
- … wenn Ihr Hund eine tote Maus wahrgenommen, aber noch nicht im Maul hat.
- … wenn er gerade ein Reh gesehen hat.
- … wenn er dazu ansetzt, sich in Gülle zu wälzen.

ÜBEN LEVEL A
- Bereiten Sie eine größere Portion kleiner Happen vor und stecken Sie diese in die Tasche.
- Gehen Sie in die Hocke oder knien Sie sich hin.
- Geben Sie dem Hund nun fünf-, sechsmal einzelne Happen abwechselnd und zügig aus der rechten, dann aus der linken flachen Hand. Sie können die Arme dabei jeweils leicht schräg zur Seite strecken.
- Beim nächsten Happen sagen Sie, kurz bevor der Hund am Happen ist, beispielsweise »Stopp« oder »Schade« oder »Schluss«.
- Unmittelbar danach schließen Sie die Hand.
- Der Hund stutzt frustriert nach dem Motto »Wie doof ist das denn jetzt?«.
- Nun bekommt er dafür einen Happen aus der anderen Hand.

Wichtig: Falls der Vierbeiner versucht, den Happen trotz geschlossener Hand zu erreichen, warten Sie einfach so lange, bis er einige Momente damit aufhört. Sprechen Sie den Hund während der Übung nicht an. Sagen Sie lediglich das Hörzeichen.

ÜBEN LEVEL B
- Bereiten Sie eine größere Portion kleiner Happen vor und gehen Sie bei der Übung in die Hocke oder knien Sie sich hin.

1

FÜTTERN

Geben Sie dem Hund nacheinander mehrere Happen einzeln aus der flachen Hand.

2

ABBRUCH

Beispielsweise beim fünften Happen sagen Sie »Stopp!«, bevor der Hund das Leckerchen nimmt.

- Geben Sie dem Hund nun wieder einige Male einzelne Happen immer abwechselnd und relativ zügig aus der rechten, dann aus der linken flachen Hand.
- Beim nächsten Happen sagen Sie wieder, kurz bevor der Hund am Happen ist, Ihr Abbruchsignal.
- Nun lassen Sie die Hand geöffnet, der Hund sollte den Happen jetzt nicht nehmen.
- Warten Sie einen Moment, schließen Sie die Hand und geben Sie dem Hund dafür einen Happen aus der anderen Hand.

Wichtig: Schließen Sie sofort die Hand, wenn Sie bemerken, dass Ihr Hörzeichen noch nicht entsprechend wirkt. Der Hund darf den Happen keinesfalls erwischen.

ÜBEN LEVEL C

- Sie haben ein paar Häppchen in der Tasche.
- Der Hund befindet sich vor Ihnen.
- Sie lassen ein paar Happen einzeln auf den Boden fallen, die er fressen darf.
- Beim nächsten Happen kommt Ihr Abbruchsignal.
- Der Hund lässt den Leckerbissen liegen.
- Stellen Sie den Fuß auf den Happen und belohnen Sie ihn anderweitig. Dann den Happen aufheben.

Wichtig: Reagiert der Hund nicht wie erwünscht, stellen Sie sofort einen Fuß auf den Happen.

ANFORDERUNGEN STEIGERN

Verlegen Sie Level C nach draußen. Klappt das, üben Sie in anderen Situationen. Anfangs am besten angeleint. Der Hund darf nicht zum Erfolg kommen. Legen Sie zum Beispiel einen »verbotenen« Gegenstand ein Stück entfernt auf den Boden. Sobald der Hund sich darauf konzentriert, kommt Ihr Abbruchsignal. Lässt er ihn liegen, gibt es die Belohnung. Andernfalls bremsen Sie den Hund durch die Leine. Erst wenn er sich von selbst wieder umorientiert, gibt es den Happen. Als erster Versuch ohne Leine eignet sich ein Reiz hinter einem Zaun.

TIPP

SICH ZEIT LASSEN

Beim Abbruchsignal gilt ganz besonders: »Qualität vor Quantität«. Wann Sie es Ihrem Vierbeiner beibringen, ist im Prinzip egal. Aber es kommt auf den genauen und schrittweisen Aufbau an sowie auf die richtige Anwendung. Je nach Wesen kann es jedoch bei manchen Hunden schneller gut klappen, andere wiederum brauchen ein längeres Training. Nehmen Sie sich die nötige Zeit.

WAS TUN, WENN ETWAS NICHT KLAPPT?

→ *Der Hund tut bei geschlossener Hand in Level A etwas anderes:* Die Happen sind nicht interessant.

→ *Er unterbricht sein Verhalten nicht:* Sind Sie zu schnell zur nächsten Stufe gegangen? Gehen Sie noch mal zurück. Sofern das Hörzeichen richtig verknüpft ist, liegt es meist am Timing. Ist der Hund zu sehr in sein Verhalten vertieft, ist es zu spät, um abzubrechen.

3

HAPPEN VERWEIGERN

Unmittelbar danach schließen Sie die Hand. Der Hund ist nun frustriert.

Ein Abbruchsignal unterbricht den Hund in dem, was er gerade tut. Wichtig ist dabei einerseits der systematische Aufbau, andererseits ein überlegter Einsatz, bei dem – wie so oft – das genaue Timing ein wichtiger Faktor ist.

3.

PROBLEME LÖSEN

PROBLEME GUT MEISTERN

EINE GUTE ERZIEHUNG

Ist der Vierbeiner gut erzogen, haben Sie schon vieles dafür getan, damit Probleme gar nicht erst entstehen. Dennoch kann es, abhängig vom Wesen Ihres Hundes und wo Sie mit ihm sind, die eine oder andere knifflige Situation geben. Dass Vorbeugen prinzipiell besser als Heilen ist, gilt auch im Zusammenleben mit dem Hund. Gibt es doch mal das eine oder andere kleinere Alltagsproblem, lässt es sich oft mit ein paar Änderungen im Umgang mit dem Hund lösen.

VORAUSSCHAUENDES HANDELN

Je besser Sie Ihren Hund kennen und einschätzen können, umso leichter lassen sich ungute Situationen im Vorfeld vermeiden. Zum einen durch Ihr vorausschauendes Verhalten, zum anderen durch Ihr rechtzeitiges Eingreifen. Ein »Wundermittel« dabei ist die Leine. Damit ist der Vierbeiner unter Kontrolle. Doch mancher Hundehalter macht es sich unnötig schwer, indem er – oft nah beim Hund stehend – ewig auf diesen einredet, anstatt ihn einfach anzuleinen.
Ein Beispiel: Ein Jogger kommt des Weges, der Hund richtet seine Aufmerksamkeit auf ihn und hört: »Jetzt komm schön her, neiiiin, dableiben, du sollst nicht nachlaufen, denk nicht dran …« Und schon ist der Hund weg. Wäre der Mensch einfach zum Hund hingegangen und hätte ihn angeleint, wäre die Begegnung ganz unaufgeregt verlaufen.

AN ALLTAGSSITUATIONEN GEWÖHNEN

Es gibt ein paar Dinge, die bei kleinen Hunden und Welpen (noch) kein Problem sind. Sind dem Vierbeiner etwa glatte Böden oder Treppen suspekt, lässt er sich praktisch unter den Arm klemmen, und gut ist es. Doch ist aus dem Welpen erst mal ein gestandener Vierbeiner von fünfundzwanzig Kilo plus geworden, hat man ein echtes Problem. Daher ist es sinnvoll, einen Welpen mit entsprechenden Situationen vertraut zu machen. Auf einem glatten Boden zum Beispiel lassen sich gut leckere Häppchen verteilen, deren Anziehungskraft den Welpen dazu »verführt«, seine Skepsis von selbst zu überwinden und sich die Häppchen zusammenzusuchen. Bei Treppen trägt man den Welpen drei Viertel oder zwei Drittel der Strecke, den Rest geht er selbst. Wenn nötig, mit ein paar Happen auf den Stufen.

»PROBLEMATISCHE EIGENSCHAFTEN«

Ihre Aufmerksamkeit ist unterwegs besonders gefragt, wenn Ihr Vierbeiner zum Beispiel

- stark auf sich bewegende Reize wie Jogger, Radfahrer, Autos und Tiere reagiert,
- jeden Fremden stürmisch begrüßt oder anspringt,
- dazu neigt, Passanten zu verbellen,
- zum Jagen von Wild neigt,
- sich in jedes Gewässer stürzt (Das kann sehr gefährlich sein!),
- auf jeden Artgenossen zurast.

Warten Sie nicht ab, ob der Vierbeiner jetzt wirklich losrennt, und schauen Sie nicht zu, was er jetzt macht. Rufen oder holen Sie ihn zu sich bzw. leinen Sie ihn am besten schon an, sobald Sie den Reiz sehen.
Oder wenn Sie wissen, dass Sie nun bald eine Stelle erreichen, an der Sie den Hund unbedingt unter Kontrolle haben möchten.
Spätestens jedoch dann, wenn der Hund durch seine aufmerksame Ohrenhaltung, eine Anspannung des Körpers oder eine sich nach oben bewegende Rute anzeigt, dass er irgendetwas wahrgenommen hat.
Sehen Sie nichts, bemerken aber, dass etwas die Aufmerksamkeit des Hundes fesselt, leinen Sie ihn am besten ebenfalls gleich an. Auch wenn Sie nicht wissen, was er riecht, hört oder sieht. Lieber auf Verdacht als zu spät anleinen!
Damit tun Sie nicht nur etwas für die Sicherheit des Hundes, anderer Passanten oder Tiere. Sie verhindern dadurch auch ungewollte Erfolgserlebnisse des Vierbeiners. Sie erinnern sich sicher – er lernt zu einem großen Teil am Erfolg (→ Seite 35).

VORBEUGEN IST WICHTIG

Vorbeugen lohnt sich und spart letztlich Arbeit. Hat man nämlich von Anfang an ein Auge darauf, ist Mitdenken der einzige Aufwand dafür. Aber einer mit angenehmer »Langzeitwirkung«: Holen Sie den Hund beispielsweise immer zu sich, wenn ein Radfahrer kommt, ist es wahrscheinlich, dass er mit der Zeit von selbst zu Ihnen kommt, wenn er einen Radfahrer sieht. Wie praktisch!

RISKANTEN BEGEGNUNGEN VORBEUGEN

Selbst der besterzogene Vierbeiner denkt nicht wie wir. So sind Fahrzeuge, auch Räder usw. nicht als gefährliche Objekte im Instinkt des Hundes verankert, mit denen er kollidieren könnte. Deshalb ist auch hier eine gewisse Voraussicht nötig:

- Gehen Sie auf einem Weg spazieren, auf dem auch Radfahrer, Rollerskater usw. unterwegs sind, holen Sie den Hund vor unübersichtlichen Stellen, etwa einer nicht einsehbaren Kurve, zu sich. So lassen sich gefährliche Begegnungen ganz einfach vermeiden.
- Gehen Sie an einer Straße mit Verkehr entlang, ist die Leine für den Hund ebenfalls das Sicherste. Man kann nie ausschließen, dass ihn ein Geruch auf die Straße lockt oder dass er auf der anderen Seite etwas Unwiderstehliches sieht oder etwas ihn erschreckt und er auf die Straße springt.

JAGEN VORBEUGEN

Hunde sind grundsätzlich Jäger. Die Veranlagung zum Jagen haben deshalb nicht nur Jagdgebrauchshunde- oder Hütehundrassen, sondern durchaus auch solche Rassen, bei denen Jagdverhalten in der Zucht nicht gezielt gefördert wird. Jagen bezieht sich auch nicht nur auf Rehe, Enten & Co., sondern auf sich rasch bewegende Objekte im Allgemeinen. Wie stark ein Vierbeiner dazu neigt, hängt neben seiner Veranlagung auch von eventuellen Erfolgserlebnissen ab. Beim Jagen sind schon das Ausschauhalten, Aufspüren oder Verfolgen Verhaltensweisen, die dem Hund einen Kick geben und ihn zu weiteren Erlebnissen dieser Art motivieren. Er muss also nicht erst Beute machen. Mit folgenden »Vorsorgemaßnahmen« zusätzlich zu denen, die Sie unter »Problematische Eigenschaften« lesen konnten (→ Seite 135), beugen Sie vor:

- Lassen Sie schon Ihren jungen Hund nicht jagen. Auch keine Vögel, die auf Wiesen sitzen.
- Holen Sie den Hund zu sich und lenken Sie seine Aufmerksamkeit zum Beispiel mit Leckerbissen oder Spielzeug auf sich, wenn sich Jogger, Radfahrer, Autos usw. nähern. Leinen Sie ihn zusätzlich an, wenn der Gehorsam noch nicht genug gefestigt ist.
- Fliegendem Spielzeug unkontrolliert hinterherzurasen, kann Jagen fördern! Machen Sie das nicht oft. Besser lassen Sie den Hund sitzen, bis der Ball wieder liegt. Erst mit Erlaubnis darf er ihn holen. Auch dabei hilft anfangs die Leine. Werfen Sie keine Stöcke, die kann Ihr Hund sich in den Rachen rammen!
- Leinen Sie ihn in wildreichen Gebieten an, wenn der Gehorsam noch nicht ausreichend sitzt.
- Sorgen Sie für genügend körperliche und geistige Auslastung. Je mehr Energie der Vierbeiner kontrolliert loswird, umso weniger bleibt für das Jagen.

PROBLEMEN ZU HAUSE VORBEUGEN

Die meisten Vierbeiner benehmen sich, zumindest jenseits des Welpenalters, recht unkompliziert. Doch es gibt ein paar Dinge, die das Zusammenleben erschweren können. Deshalb gilt es auch hier vorzubeugen:

- Haben Sie einen Garten, sollte dieser unbedingt eingezäunt sein. Wenn nicht das ganze Grundstück, dann zumindest ein Bereich, etwa dort, wo im Sommer meist die Tür offen steht.
- Sorgen Sie dafür, dass der Gartenzaun oder die Hecke so dicht und hoch ist, dass der Vierbeiner sich nicht hindurch- oder darübermogeln kann.
- Lassen Sie vor allem einen jungen und/oder recht aktiven Hund nicht allein im Garten. Er kennt bald jeden Grashalm und wird sich dann mehr oder weniger »kreativ« im Garten beschäftigen oder seine Energie beispielsweise durch Verbellen von Passanten abbauen. Die Personen gehen ja weiter, doch aus Sicht des Hundes hat er sie verjagt.
- Soll der Hund allein zu Hause bleiben, gehört er unbedingt ins Haus.
- Machen Sie schon Ihren Welpen regelmäßig mit dem Postboten, Paketfahrer usw. bekannt. Das erspart spätere typische Probleme.

INFO

PROBLEMLÖSUNG KASTRATION?

Der Vierbeiner hört nicht, jagt, türmt aus dem Garten, verteidigt zu sehr sein Revier, ist immer in Action oder verhält sich sonst irgendwie nicht alltagskompatibel. So mancher Hundehalter denkt dann an Kastration, in der Annahme, dass der Hund dann ruhiger wird und sich automatisch gut benimmt. Das ist allerdings ein noch immer verbreiteter Irrglaube.

WANN DIE KASTRATION SINNVOLL IST

Es gibt durchaus Indikationen für eine Kastration. Etwa bei Zyklusproblemen der Hündin oder wenn das Fortpflanzungsverhalten eines Rüden derart übersteigert ist, dass es zum Stressfaktor für Mensch und Hund wird. Oder wenn das Fortpflanzungsverhalten an sich die Arbeit des Hundes unmöglich macht. Daher werden Blindenführhunde oder Begleithunde für Menschen mit Handicaps grundsätzlich kastriert.

WIRKUNGSLOS BEI DEFIZITEN

Hat das Problem jedoch nichts mit der Fortpflanzung zu tun, sondern mit Defiziten in der Erziehung, der Auslastung oder der Haltung, hilft keine Kastration. Dann bleibt nur die systematische Arbeit des Hundehalters an den Defiziten.

- Haben Sie einen Vierbeiner mit Wach- und Schutzinstinkt? Sein Hundebett im Eingangsbereich kann dazu führen, dass er diesen Bereich zu stark kontrolliert. Sie aber bestimmen, wer kommt und geht.
- Wenn Sie nicht möchten, dass Ihr Hund bei jedem Klingeln ausdauernd bellend zur Tür rast und seine Wachaufgaben zu genau nimmt, dann machen Sie ihn auch nicht heiß darauf. Ein spannendes »Ja, wer kommt denn jetzt?« sollten Sie sich dann sparen.
- Neigt Ihr Hund dazu, Besucher anzuspringen, nehmen Sie ihn an die Leine, bevor der Besuch in seine Reichweite kommt.

FUTTER/SPIELZEUG VERTEIDIGEN VORBEUGEN

Viele Vierbeiner kommen nie auf die Idee, am Futternapf oder mit Lieblingsspielzeug im Maul zu knurren, wenn jemand zu nahe kommt. Manche probieren es aber, weil sie von ihrer Art her dazu neigen oder aber, weil der Mensch es unbewusst gefördert hat (→ Tipp »Ernsthafte Probleme«, Seite 146). Letzterem lässt sich gut vorbeugen:

- Bleiben Sie schon beim Welpen in der Nähe, während er frisst, und legen Sie währenddessen ab und zu ein leckeres Häppchen in den Napf. So verknüpft der Hund Ihre Nähe am Napf positiv.
- Es muss möglich sein, den Napf hochzunehmen, ein Häppchen hineinzulegen und den Napf wieder auf den Boden zu stellen, ohne dass der Hund knurrt.
- Spielzeug tauschen Sie zunächst gegen etwas Leckeres oder ein anderes Spielzeug (→ Seite 113). Allerdings sollte es idealerweise so sein, dass nach einigem Üben der Hund Ihnen den Gegenstand nur auf Ihr Hörzeichen hin überlässt und Sie erst danach die Belohnung aus der Tasche holen. Auch der Gegenstand, den Sie dem Hund abnehmen, kann danach wieder die Belohnung sein.
- Wichtig ist, dass Sie sich stets ruhig und sicher verhalten. Also weder zögerlich noch bedrohlich noch hektisch oder laut.

Mit Umsicht aneinandergewöhnt, entstehen oft enge Freundschaften zwischen dem Hund und anderen Tieren.

In Familien mit Kindern ist es wichtig, dass die Eltern das Miteinander von Hund und Kind im Auge behalten.

Vermeiden sollten Sie:

- Den Hund während des Fressens etwa durch Tätscheln zu stören. Das gilt besonders für Kinder!
- Dass zumindest jüngere Kinder dem Vierbeiner irgendetwas wegnehmen.
- Den Hund zu jagen, um ihm etwas abzunehmen. Üben Sie das Tauschen zunächst an der Leine, wenn der Vierbeiner zu wenig kooperativ ist.

BEGEGNUNGEN MIT ANDEREN TIEREN

Vielleicht haben Sie selbst noch andere Tiere zu Hause, Bekannte haben welche, oder Sie treffen sie unterwegs. Die folgenden Tipps ersparen Ihnen unnötigen Stress:

- Kleine Heimtiere wie Meerschweinchen & Co. passen perfekt in das Beuteschema des Vierbeiners. Da reicht im Falle eines Falles ein kurzer Schnapper … Deshalb bedeutet es Stress für diese Heimtiere, wenn der Hund ihnen, sei er noch so gutmütig, zu nahe kommt. Gewöhnen Sie sie langsam aneinander und sorgen Sie mit Leine oder Käfig dafür, dass nichts passieren kann.
- Sind Sie in einem Haushalt mit kleinen Heimtieren zu Besuch, behalten Sie den Hund besser bei sich.
- Auch (eingezäunte) Schafe, Rinder und Pferde verführen Hunde zum Hetzen. Erst recht, wenn die Tiere in Panik geraten. Behalten Sie den Hund bei sich. Auch, wenn Ihnen ein Reiter begegnet.
- Stacheldraht- und Elektrozäune können für Hunde gefährlich sein. Verletzungen oder eine kopflose Flucht nach einem Stromschlag sind oft die Folge.
- Nutzen Sie Gehege mit ungefährlichem Zaun für eine freundliche Kontaktaufnahme sowie für Gehorsamsübungen in der Nähe der Tiere.
- Haben Sie eine Katze und kommt der junge Hund als Neuzugang in die Familie, regeln die beiden das meist unter sich. Der Katze sollte aber ein Rückzugsbereich zur Verfügung stehen, den der Hund nicht erreichen kann. Dort kann sie auch in Ruhe fressen.

AUF EINEN BLICK

DER HUND IN DER ÖFFENTLICHKEIT

Seinen Vierbeiner möchte man natürlich möglichst immer mitnehmen. Da Hunde sehr anpassungsfähig sind, ist das auch für sie meist kein Problem. Manche Ausflüge sollte man ihnen allerdings besser ersparen.

Rechtzeitiges Anleinen zeugt von Rücksicht und lässt problematische Situationen gar nicht erst entstehen.

RÜCKSICHT NEHMEN

Hundehalter haben eher ein angekratztes Image. Oft ungerechtfertigt, leider nicht selten aber zu Recht. So mancher Hundefreund hält seinen Vierbeiner für den Nabel der Welt – mit dem Recht auf freie Entfaltung immer und überall. Da ist Ärger vorprogrammiert. Mit etwas Um- und Rücksicht lassen sich Konflikte jedoch leicht vermeiden. So kann jeder von uns dazu beitragen, das Image aufzupolieren.

BEDÜRFNISSE DES HUNDES BEDENKEN

- Gewöhnen Sie Ihren Vierbeiner von klein auf durch zunächst kurze Ausflüge in die Stadt oder Ähnliches und zu einer ruhigeren Zeit an solche Umgebungen.
- Kommt der Hund in die Stadt mit oder steht eine ähnliche Unternehmung an, während der er sich nicht austoben kann, braucht er vorher die Gelegenheit dazu. Dabei kann er sich auch gleich lösen. Kottüten sollten Sie aber immer dabeihaben.
- Der Vierbeiner kann problemlos auch mal eine Zeit lang im Auto warten. Nie aber bei großer Kälte oder in der Sonne. Schon bei 20 °C Außentemperatur heizt

Kritisches Verhalten lässt sich durch die Leine managen.

sich das Auto gefährlich auf! Denken Sie auch bei einem Schattenparkplatz daran, dass sich der Sonnenstand im Laufe des Tages ändert!

- Ob Sie Ihren Hund in dichtes Gedränge, wie es etwa auf Jahr- oder Weihnachtsmärkten der Fall ist, mitnehmen, hängt davon ab, wie groß und wie entspannt er dabei ist. Kleine Hunde, ob alt oder jung, werden besser getragen. Sie können sonst leicht unter »die Räder kommen«. Wenn der Vierbeiner Probleme mit Menschen hat oder ihn Gedränge stresst, lassen Sie ihn besser zu Hause.
- Ersparen sollten Sie ihm auf jeden Fall Events mit Lärm und Trubel, wie Bierzeltbesuche, Feuerwerke und ähnliche Veranstaltungen.

HUNDEHALTER UND MITMENSCHEN

In der Stadt und anderen belebten Bereichen, etwa in Lokalen, vor Schulen oder Kindergärten, ist der Hund an der Leine gut aufgehoben – auch wenn er noch so gut erzogen ist. Die Leine ist nichts Schlechtes, und es ist für den Vierbeiner überhaupt kein Problem, auch mal länger angeleint zu sein. Ist der Vierbeiner angeleint, hat das etliche Vorteile:

- Er kann sich und andere nicht in Gefahr bringen.
- Sie haben den Hund bei sich und im Blick, wenn etwa jemand Kontakt zu ihm aufnehmen möchte.
- Sie müssen nicht schauen, wo er ist oder was er gerade tut.
- Er kann niemanden belästigen, auch nicht andere Hundebesitzer.
- Passanten, die Angst haben, fühlen sich sicherer.

Was sonst noch wichtig ist:

- Halten Sie den Vierbeiner von Spielplätzen fern. Auch wenn er Kinder mag.
- Beseitigen Sie die Hinterlassenschaften Ihres Hundes mittels Hundekottüten. Sie können diese unterwegs in Mülleimern oder an den Tütenspendern entsorgen. Notfalls zu Hause. Entsorgen Sie die Tüten nicht in der Natur. Das kommt leider häufig vor ...

URLAUB MIT HUND

Urlaub mit Hund macht Zwei- und Vierbeinern großen Spaß. Auch wenn Hotel oder Ferienwohnung hundefreundlich sind – Rücksicht ist auch hier stets gefragt. Hundehaare sind bekanntermaßen recht »anhänglich«, und der Vierbeiner ist nicht immer ganz sauber. Falls er zu Hause mit ins Bett darf, überlegen Sie, ob das in der

Auch wenn der Hund noch so gutmütig ist – aus Rücksicht nimmt man ihn in belebten Bereichen an die Leine.

Urlaubsunterkunft unbedingt so sein muss. Hunde im Bett sind nicht jedermanns Sache, auch nicht die eines jeden Hundefreundes. Die Hundefreundlichkeit der Vermieter von Urlaubsquartieren fördert man damit jedenfalls nicht. Auch dann nicht, wenn der Hund pro Tag ein paar Euro kostet.

ZU BESUCH MIT HUND

Sind Sie mit dem Hund zu Besuch, erhält es den Freundeskreis und macht Eindruck, wenn sich Ihr Vierbeiner gut benimmt.

- Möchten Sie den Vierbeiner dort nicht grundsätzlich bei sich behalten, loten Sie als Hundeneuling in Ihrem Freundes- und Bekanntenkreis genau aus, was wem recht ist. Denn nicht jeder – auch nicht jeder Hundehalter – mag es, wenn ein Besuchshund sich in das sorgsam gepflegte Gartenteichbiotop wirft, das Gemüsebeet mit Urin markiert oder völlig ausgelassen durch die Wohnung tobt.
- Hatte der Vierbeiner vorher genügend Bewegung, macht es ihm nichts aus, danach einfach nichts zu tun und sich anzupassen, wenn seine Menschen mit Freunden zusammensitzen.

Bleibt der Hund besonders in sensiblen Gebieten auf dem Weg, haben Sie ihn gut im Blick und schonen die Natur.

In bestimmten Schutzgebieten besteht Leinenpflicht.

- Erscheint Ihnen die Zeit zu lang, drehen Sie zwischendurch eine kleine Runde mit dem Vierbeiner.

MIT DEM HUND IN DER NATUR

Was gibt es Schöneres, als mit dem Vierbeiner in der Natur unterwegs zu sein und die Seele baumeln zu lassen! Doch wir sind dort nicht allein, die Natur ist Lebensraum unterschiedlichster Tiere und endet nicht beim eigenen Hund. Also tut man gut daran, auch hier Rücksicht walten zu lassen. Hunde, auch noch so gutmütige, sind Raubtiere und daher im Instinkt der Wildtiere als Gefahr verankert. Vor allem zu der Zeit, in der Vögel, Rehe, Hasen & Co. ihren Nachwuchs großziehen, sind Beunruhigungen besonders fatal. Sie können zum Beispiel zur Folge haben, dass Bodenbrüter ihre Nester im Stich lassen.

Außerdem, wer kann schon hundertprozentig voraussagen, wie sein noch so braver Vierbeiner reagiert, wenn er unvermittelt auf einen Junghasen oder ein Rehkitz stößt? Da reicht ein reflexartiger Schnapper, und vorbei ist es mit dem Wildtiernachwuchs. Dass jährlich viele Tiere dem Verkehr oder Mähmaschinen zum Opfer fallen, ist kein Argument dafür, dem Hund in der Natur uneingeschränkt freien Lauf zu lassen. Das wird aber von manchen Hundebesitzern leider so gesehen.

Sie leisten also einen wertvollen Beitrag zum Naturschutz, wenn Sie …

- … dafür sorgen, dass der Hund auf den Wegen bleibt.
- … sich an eine ausgewiesene Leinenpflicht in Naturschutz- und ähnlichen Gebieten halten.
- … Hundekottüten verwenden.
- … auch im Herbst und Winter den Vierbeiner nicht in Rastgebiete von Zugvögeln und in Wildeinstände lassen. Störungen kosten die Tiere viel Energie, was sie in diesen Jahreszeiten besonders schwächt.

Durch Ihre Umsicht schützen Sie außerdem auch Ihren Hund. Denn in Naturschutzgebieten und ähnlichen Bereichen können beispielsweise giftige Kreuzottern vorkommen.

HUND UND LANDWIRTSCHAFT

Dieses Thema lässt regelmäßig die Gemüter hochkochen. Tatsache ist, dass es während der Zeit, in der Getreide, Gräser usw. wachsen, verboten ist, landwirtschaftliche Nutzflächen zu betreten. Das gilt auch für Hunde. Erkundigen Sie sich bei Ihrer Gemeinde, innerhalb welcher Zeit das Betretungsverbot genau gilt. Zum einen führt Hundekot dort zu Verschmutzungen, zum anderen leidet auch die Vegetation, wenn der Hund durch hohe Wiesen oder Getreidefelder tobt. Hundekot wird beim Mähen verteilt und verschmutzt dadurch viel Gras, was dann wiederum als Futter unbrauchbar ist. Probleme können Sie leicht vermeiden, wenn …

- … Sie das Betretungsverbot beachten.
- … Sie Ihren Hund nicht auf gerade gemähtes Gras, das zum Trocknen auf der Wiese liegt, lassen.
- … der Vierbeiner auf Wiesen und Feldern nicht nach Mäusen gräbt. Auch außerhalb der Vegetationszeit entstehen dadurch Löcher, die für Mensch und Tier gefährlich werden können.
- … Sie Hundekottüten verwenden.

Nicht zu vergessen ist, dass Sie Ihrem Vierbeiner auch etwas Gutes tun, wenn Sie ihn von landwirtschaftlichen Nutzflächen fernhalten – so kommt er nicht in direkten Kontakt mit Kunstdünger, Unkraut- und Schädlingsvernichtungsmitteln.

Hundekot: Immer wieder taucht in der Presse auch *Neospora caninum* als Argument gegen Hundekot auf Futterflächen auf. Das ist ein Erreger, der bei trächtigen Kühen zu Fehlgeburten führen kann und den Kühe unter anderem über infizierten Hundekot im Gras aufnehmen können. Doch um diesen Erreger auszuscheiden, muss sich ein Vierbeiner erst einmal selbst infizieren. Das kann aber nur dann passieren, wenn er rohes, infiziertes Gewebe von Rindern, etwa eine Nachgeburt, frisst. Bei Haushunden, die Trocken- oder Dosenfutter bekommen, sind eine Ansteckung und somit ebenso die Ausscheidung von Erregern also gar nicht möglich.

Lässt man auch im Urlaub die nötige Umsicht walten, steht dem gemeinsamen Vergnügen nichts mehr im Weg.

ALLTAGSPROBLEME MANAGEN

Es gibt ein paar »Baustellen«, die relativ häufig im Alltag mit dem Hund vorkommen. Solche Probleme schleichen sich nach und nach und oft deshalb ein, weil man in bestimmten Situationen unbewusst falsch reagiert. Und schon lernt der Hund etwas, das man gar nicht möchte. Sind Sie sich darüber im Klaren, lassen sich diese »Problemzonen« leicht vermeiden.

VERHALTEN PRÜFEN

Ist man sich der falschen Reaktionen erst mal bewusst und stellt das eigene Verhalten um, zeigt meist auch der Hund rasch ein anderes Verhalten. Dazu brauchen Sie und alle, die mit dem Hund zugange sind, jedoch Durchhaltevermögen und Konsequenz. Sonst ist man schnell wieder im alten Muster und beim alten Problem. Aber Achtung: Bis sich ein Verhalten ändert, dauert es eine Weile. Während dieser Zeit ist es wichtig, dass der Vierbeiner mit diesem »falschen« Verhalten keinerlei Erfolge mehr hat!

ANSPRINGEN VON MENSCHEN

Morgens nach dem Aufstehen, wenn man nach Hause kommt oder mit dem Hund spielt, freut man sich überschwänglich, und auch der Vierbeiner zeigt seine Freude – oft durch Hochspringen am Menschen. Der Hund wird geknuddelt, und vielleicht gibt's sogar noch ein Häppchen. Bis seine schmutzigen Pfoten Spuren am Bürooutfit hinterlassen, er auch Fremde damit »beglückt« oder Kinder und Oma aus dem Gleichgewicht bringt. Dann ist das Anspringen schnell nicht mehr lustig.

Ändern Sie Ihr Verhalten:

- Begrüßen Sie den Hund mit betont ruhiger Stimme, ruhigen Bewegungen und in der Hocke. Aber noch bevor er hochspringt, sonst belohnen Sie ihn mit Ihrer Aufmerksamkeit.
- Beherrscht er das Kommando »Sitz«, lassen Sie ihn erst sitzen und begrüßen ihn dann ruhig.
- Halten Sie beim Spielen kein Spielzeug nach oben, sondern spielen Sie in »Bodennähe«.
- Zusätzlich, nach Situation oder wenn andere Maßnahmen nicht reichen, entziehen Sie dem Hund gezielt Ihre Aufmerksamkeit. Drehen Sie sich jedes Mal stumm, ohne ihn anzuschauen und mit verschränkten Armen um 180 Grad von ihm weg, sobald er zum Sprung ansetzt. Erst wenn der Vierbeiner sich ganz beruhigt hat, gehen Sie weg. Warten Sie nun ein paar Momente, bevor Sie sich ihm wieder und vor allem ruhig zuwenden.

Das ist außerdem wichtig:

- Schimpfen Sie nicht, wenn der Hund Sie anspringt. Auch ein »Nein« oder »Hörst du jetzt auf« ist Aufmerksamkeit. Und die versucht er mit seinem Verhalten zu erreichen. Besonders unsichere Hunde, die anspringen, um zu beschwichtigen, verstärken das Verhalten sogar noch.
- Die Kinder sollten die Arme nicht nach oben strecken. Das reizt den Hund zum Hochspringen.
- Nehmen Sie ihn rechtzeitig an die Leine, wenn Besucher kommen oder Sie unterwegs jemanden kommen sehen, um das Anspringen und somit eventuelle positive Erfahrungen des Hundes zu vermeiden. Natürlich auch, um negative Erlebnisse zu vermeiden. Wird der Hund nämlich angeschrien oder gar getreten, kann das weitreichende Auswirkungen auf sein Verhalten gegenüber Menschen haben.
- Sagen Sie Ihren Besuchern, dass sie den Vierbeiner nicht beachten sollen, solange er sich nicht völlig beruhigt hat.

DER HUND HÖRT NICHT IM GARTEN

Sie lassen den Vierbeiner in den Garten, zum Beispiel, damit er seine Blase leert. Rufen Sie ihn, stellt er die Ohren auf Durchzug und vergnügt sich weiterhin draußen. Besonders ärgerlich ist das, wenn man es eilig hat und wegmuss.

Ändern Sie Ihr Verhalten:

- Lassen Sie Ihren Vierbeiner nicht in den Garten, wenn er das fordert.
- Will er aber hinaus, weil er mal »muss«, rufen Sie ihn anschließend ein einziges Mal. Kommt er nicht sofort, schließen Sie die Terrassentür. Kommt er dann angerannt, lassen Sie ihn noch etwas »schmoren«, bevor Sie ihn kommentarlos hereinlassen.

TIPP

ERNSTHAFTE PROBLEME

Ernsthafte Probleme wie das Verteidigen von Futter oder des Reviers, aggressives Verhalten gegenüber Menschen oder ausgeprägte Angst lassen sich vor allem von Neulingen in der Hundeerziehung nicht allein lösen. Dann brauchen Sie kompetente Hilfe eines Hundetrainers oder -therapeuten, der sich Ihre Situation vor Ort ansieht und Ihnen individuelle Lösungswege aufzeigt.

- Schicken Sie ihn ansonsten dann hinaus, wenn er gerade gar nicht möchte. Zum Beispiel, weil Sie sein Futter vorbereiten oder die Kinder jetzt heimkommen. Lassen Sie ihn ein paar Minuten vor der Tür warten, dann öffnen Sie sie und rufen ihn. Jetzt wird der Vierbeiner belohnt!
- Haben Sie es eilig oder reichen die bisher aufgezählten Maßnahmen nicht, gehen Sie nur noch angeleint mit ihm in den Garten. Dort üben oder spielen Sie mit ihm oder lassen ihn sich lösen. Danach geht es angeleint wieder ins Haus.
- Eine weitere Option ist eine einige Meter lange, dünnere Leine, die der Vierbeiner hinter sich her zieht. Hört er nicht oder holen Sie ihn ohne Rückruf, gehen Sie, ohne Blickkontakt zum Hund aufzunehmen, einfach ruhig zum Ende der Leine und nehmen sie auf.

Das ist außerdem wichtig:

- Versuchen Sie nicht, ihn zu fangen. Das ist für den Vierbeiner nämlich ein lustiges Spiel.
- Ihnen bewusst auszuweichen und sich nicht erwischen zu lassen, macht ihm ebenso viel Spaß.

DER HUND HÖRT UNTERWEGS NICHT

Das ist ein weit verbreitetes Problem und bringt so manchen Hundehalter zur Verzweiflung. Zu allererst heißt es in sich zu gehen und zu überdenken, ob der Rückruf auch wirklich mit System Schritt für Schritt trainiert wurde. Defizite sind hier nämlich sehr oft die Wurzel des Übels. Trifft das auf Sie zu, beginnen Sie noch mal von vorn und am besten mit einem ganz neuen Wort (→ Seite 54, Üben Level A).
Hört der Hund eigentlich gut, aber in letzter Zeit schlechter? Vielleicht ist er gerade in einer Sturm-und-Drang-Phase, oder er ist sich Ihrer zu sicher.

Ändern Sie Ihr Verhalten:

- Bauen Sie vermehrt unangekündigte Richtungswechsel auf den Spaziergängen ein, damit der Vierbeiner wieder darauf achten muss, Sie nicht aus den Augen zu verlieren. Gehen Sie zügig.
- Wenn Sie ihn rufen möchten, laufen Sie weg und rufen, wenn Sie schon unterwegs sind. Erst, wenn er dicht hinter Ihnen ist, drehen Sie sich zu ihm um. Weiß der Hund, dass Sie weg sind, wenn er nicht gleich kommt, wird er rasch besser hören.
- Verwenden Sie für das Kommen eine für ihn ganz besondere Belohnung, die er sonst nicht bekommt.

Warten Sie auf ihn, während Sie ihn immer wieder rufen, lernt der Hund, dass Nicht-Kommen keine Konsequenzen hat.

Hört der Hund nicht zuverlässig, rufen Sie in einer solchen Situation besser gar nicht, sondern holen ihn rasch.

- Oder füttern Sie ihn nur oder überwiegend aus der Hand. Das heißt, er bekommt nichts oder nur noch einen kleinen Teil des Futters aus dem Napf. Den größten Teil bekommt er über den Tag verteilt aus Ihrer Hand und nur, wenn er auf Ruf kommt.

Das ist außerdem wichtig:

- Schimpfen Sie den Hund nicht, wenn er verspätet zu Ihnen kommt. Das verknüpft er mit dem Kommen!
- In Situationen, in denen Sie sich nicht sicher sind, ob der Vierbeiner hört, nehmen Sie ihn rechtzeitig an die Leine. Oder holen Sie ihn, wenn möglich, kommentarlos und neutral (also nicht wütend) dort ab, wo er nicht sein sollte, zum Beispiel bei einem fremden Passanten. Denn jedes Mal, wenn er Ihren Rückruf erfolgreich ignoriert, lernt er daraus.
- Vermeiden Sie jedoch ein »Fang-mich«-Spiel! Der Hund lernt dabei nur, wie er sich am besten nicht erwischen lassen kann.
- Bleiben Sie nicht unter wiederholtem Rufen stehen und warten, in der Hoffnung, dass er kommt.

DER VIERBEINER FRISST UNRAT

Die Geschmäcker von Mensch und Hund sind sehr verschieden. Deshalb sind wir in aller Regel wenig begeistert von dem, was mancher Vierbeiner unterwegs zu sich nimmt. Aber was man als Hund dort so findet, ist nicht nur unappetitlich, sondern kann auch gefährlich für ihn sein. Meist neigen junge Hunde dazu, Unrat zu fressen. Was tun?

- Meiden Sie Bereiche, wo viel Unrat zu finden ist. Oder leinen Sie den Hund dort an.
- Haben Sie den Eindruck, Ihr Hund hat etwas gefunden, laufen Sie weg und rufen ihn.
- Oder stürzen Sie sich unvermittelt auf einen bestimmten Punkt am Boden (→ Seite 125).
- Trainieren Sie das Abbruchsignal und sagen Sie es, noch bevor der Unrat im Maul des Hundes ist.

Springt der Hund Sie an, helfen oft schon kleine Änderungen im eigenen Verhalten, um ihn zu bremsen.

- Beschäftigen Sie den Hund unterwegs, dann fehlt die Zeit, sich nach Fressbarem umzusehen.
- Üben Sie mit ihm an der Leine, an Verlockendem vorbeizugehen. Dazu legen Sie »Köder« aus. Belohnen Sie den Hund besonders!
- In schweren Fällen, wenn der Vierbeiner beispielsweise notorisch Steine frisst oder sich anders nicht beeinflussen lässt, hilft ein Maulkorb. Verwenden Sie unbedingt einen, der wie ein Korb ist. Damit kann der Hund hecheln und mit Leckerchen belohnt werden. Den trägt er unterwegs so lange, bis er sich mangels Erfolg längere Zeit überhaupt nicht mehr für Ungenießbares interessiert. Üben Sie trotzdem, dass es sich für ihn lohnt, daran vorbeizugehen. Bleiben Sie auch nach der Maulkorbzeit aufmerksam.

DER VIERBEINER SPIELT ZU WILD

Das ist häufig ein Problem in der Welpen- und Junghundezeit. Setzt der Kleine seine spitzen Welpenzähne zu stark ein oder hängt am Hosenbein, wird es schon mal unangenehm. Wie der Youngster spielt, ist zum einen Sache seines Wesens, wird aber auch vom Verhalten des zweibeinigen Spielpartners beeinflusst. Was hilft, hängt vom Hund ab. Aber auch von Ihrem Auftreten.

Ändern Sie Ihr Verhalten:

- Egal, ob Sie sich mit dem Hund balgen oder ein Zerrspiel machen – je »wilder« Sie selbst sind, desto wilder wird auch der Hund. Spielen Sie also ruhiger, sodass er gar nicht erst überdreht. Das ist auch wichtig, wenn Kinder mit dem Hund spielen.
- Wird der Vierbeiner zu grob, brechen Sie das Spiel kommentarlos ab und gehen weg.
- Oder schieben Sie den Jungspund etwas resoluter weg. Hört er nicht auf, folgt ein Spielabbruch.
- Oder »erstarren« Sie in der Bewegung und räuspern Sie sich »knurrend«. Auch danach folgt ein Spielabbruch, wenn der Hund nicht aufhört.
- Bei manchen Vierbeinern hilft es, mit hoher Stimme »au« zu rufen. Andere pusht das jedoch noch mehr.
- Lässt der Vierbeiner sich nicht bremsen oder fehlt Ihnen noch die nötige Souveränität, bringen Sie den Hund neutral und kommentarlos in die Box. Dort kann er sich »herunterfahren«.

Das ist außerdem wichtig:

- Vermeiden Sie Hektik und »Schimpfen«. Das fährt den Hund erst recht hoch.
- Ihre Kinder sollten nicht schreiend weglaufen oder die Arme hochstrecken. Auch das motiviert ihn zu noch wilderem Spiel. Bremsen Sie ihn rechtzeitig.

- Sie bestimmen überwiegend, wann das Spiel beginnt und wann es endet. Die »Beute« haben zum Schluss meist Sie. Vor allem dann, wenn der Hund sich beim Zerrspiel sehr hineinsteigert.
- Gelegentliche Zerrspiele sind in Ordnung, zu viel tut allerdings nicht gut.
- Verrückte fünf Minuten, in denen der Jungspund durch Wohnung oder Garten düst, hat jeder junge Hund. Das ist normal. Bremsen Sie ihn lediglich, wenn er dabei über »Tische und Bänke« geht.

KLÄFFEN AM ZAUN

Kläfft der Vierbeiner ausdauernd jedes Mal, wenn jemand am Grundstück vorbeigeht, kann das – je nach Wohnlage – nervig werden. Für einen selbst, für diejenigen, die vorbeigehen, und natürlich für die Nachbarn. Doch das lässt sich ändern:

- Lassen Sie den Vierbeiner nicht allein im Garten. Langeweile ist neben territorialem Verhalten mit ein wichtiger Grund, Passanten zu »vertreiben«. Und Erfolg spornt ihn an!
- Beschäftigen Sie Ihren Hund genügend, auch mental, damit er ausgelastet ist. Denn für überschüssige Energie sind Passanten ein willkommenes Ventil.
- Üben Sie auch im Garten mit dem Vierbeiner.
- Trainieren Sie das Abbruchsignal (→ Seite 126).
- Sind Sie mit dem Hund im Garten, behalten Sie ihn in Ihrer Nähe.
- Machen Sie den Zaun blickdicht oder installieren Sie schon ein Stück vor dem Zaun einen wirksamen Sichtschutz.
- Ein guter Gehorsam, vor allem der Rückruf, hilft auch hier. Dann können Sie den Vierbeiner rechtzeitig zu sich rufen (→ Seite 53).

Das sollten Sie vermeiden:
Schimpfen Sie den Hund nicht und laufen Sie schon gar nicht schimpfend zu ihm. Das führt, wie so oft, auch hier nur dazu, dass er sich noch mehr aufregt.

INFO

DER ÄNGSTLICHE HUND

Ängstlichkeit kann angeboren oder durch schlechte Erfahrungen bedingt sein. Sie kann gegenüber Geräuschen, Dingen, die der Hund sieht, Menschen oder auch Artgenossen bestehen. Wie weit sich ängstliches Verhalten verändern lässt, ist unterschiedlich. Ist es angeboren und/oder betrifft es viele Bereiche, wird es schwierig. Um es zumindest nicht zu verstärken, beachten Sie Folgendes:

KEINEN ZWANG AUSÜBEN

Falsch ist eine »Schocktherapie«. Stellen Sie sich also bei Angst vor Autos nicht an eine viel befahrene Straße. Lassen Sie ihn nicht »zwangsstreicheln«, wenn er Fremde meidet. Geben Sie ihm bei Angst Sicherheit, indem Sie bei ihm bleiben und etwa Fremde oder Artgenossen ruhig auf Abstand halten.

GEBEN SIE SICH SOUVERÄN

Bemitleiden Sie den Vierbeiner nicht, weder stimmlich noch durch Tätscheln. Das verunsichert ihn nur, weil Sie nicht souverän wirken. Stehen Sie nicht passiv und unsicher daneben. So zwingen Sie ihn, selbst mit der »Gefahr« fertigzuwerden. Kopflose Flucht oder die »Flucht nach vorn«, also aggressives Verhalten gegen die »Bedrohung«, können die Folge sein.

TIPP

AUFFÄLLIGES ANBELLEN

Dieses Verhalten kann typbedingt oder bei Junghunden vorübergehend sein. Ein Mensch oder ein Gegenstand allein auf weiter Flur wird misstrauisch verbellt: In dem sonst leeren Gelände kommen dem Hund diese »Erscheinungen« ungewöhnlich vor. Rufen Sie ihn rechtzeitig, also noch vor dem Bellen, zu sich. An Menschen gehen Sie entspannt mit Häppchen vorbei. Objekte können Sie erkunden.

IN DIE LEINE BEISSEN

So mancher angeleinte Vierbeiner liebt es, in die Leine zu beißen und dann ein Zerrspiel daraus zu machen. Kommt das selten vor, ignorieren Sie es einfach und gehen weiter. Doch manche tun das sehr ausgeprägt. Besonders Junghunde, etwa aus Übermut oder auch mal beim Training. Der Zweibeiner reagiert genervt – und verstärkt das Verhalten dadurch oft. Vermeiden Sie deshalb, aufgeregt zu schimpfen und Ihrerseits dagegenzuzerren (das möchte der Vierbeiner ja!). Nehmen Sie ihm besser so den Wind aus den Segeln:

- Bleiben Sie ruhig und gehen Sie einfach weiter.
- Oder geben Sie dem Hund, bevor er damit anfängt, etwas zum Tragen.
- Reicht das nicht, bleiben Sie kommentarlos stehen und stellen Sie sich so auf die Leine, dass der Vierbeiner normal stehen, aber nicht hochspringen kann (das wäre für ihn gefährlich). Schauen Sie ihn nicht an. Wenn keiner mitmacht, wird es langweilig. Sobald er aufhört, nehmen Sie die Leine wieder auf. Wiederholen Sie das, wenn nötig.
- Ergibt sich diese Möglichkeit, hängen Sie die Leine im Gehen und stumm um eine Zaunlatte und gehen allein ein kleines Stück weiter. Dort bleiben Sie mit dem Rücken zum Hund stehen. Hat er sich beruhigt, gehen Sie stumm zu ihm zurück, schauen ihn nicht direkt an und nehmen die Leine wieder. Diese Methode ebenfalls, wenn nötig, wiederholen.
- Oder präparieren Sie die Leine vor dem Losgehen mit etwas, das dem Hund nicht schmeckt (etwa ein paar Spritzer Eau de Toilette).
- Beginnt er während des Übens in die Leine zu beißen, kann es sein, dass Sie zu lange geübt haben.
- Machen Sie noch eine oder zwei einfache Übungen und beenden Sie die Trainingseinheit danach.

ÄNGSTLICHKEIT GEGENÜBER MENSCHEN

Weicht Ihr Hund aus, wenn jemand Kontakt zu ihm aufnehmen möchte, sollten Sie ein paar wichtige Dinge beachten. Diese können dazu führen, dass sich das Verhalten bessert oder sich zumindest nicht verstärkt:

- Zwingen Sie ihm keinen Kontakt auf!
- Sorgen Sie dafür, dass Besucher den Hund ignorieren. Nehmen Sie ihn gegebenenfalls angeleint etwas abseits, während die Gäste ins Haus kommen. Auch danach soll der Vierbeiner nicht beachtet werden. Dann siegt oft irgendwann die Neugierde, und er kommt von selbst.

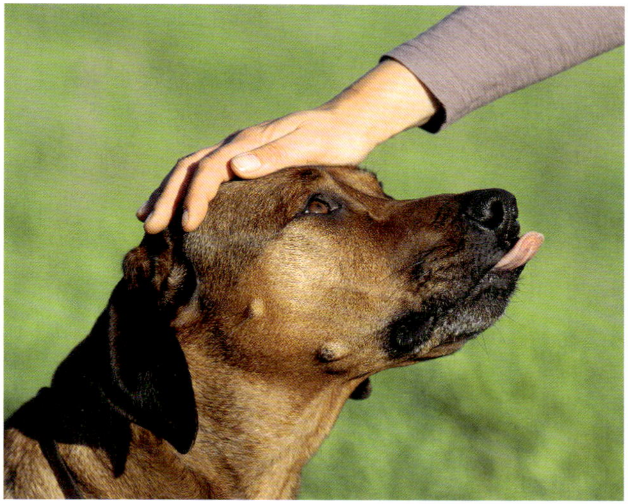

Von oben auf den Kopf getätschelt zu werden, ist den meisten Hunden, besonders aber unsicheren, unangenehm.

- Sind Sie in belebter Umgebung unterwegs, sorgen Sie dafür, dass Fremde auf Abstand bleiben. Überlegen Sie, wohin Sie den Hund besser nicht mitnehmen.
- Möchte er vorsichtig Kontakt aufnehmen, sollte die Person ruhig und leicht seitlich statt frontal vor dem Hund stehen oder sitzen und ihre Hand ohne direkten Blickkontakt in Richtung Hund strecken. Dabei nicht über den Hund beugen! Wichtig ist außerdem eine ruhige, freundliche Stimme. In diesem Fall könnte der Vierbeiner ausnahmsweise auch mal ein Häppchen von einem Fremden bekommen.

ÄNGSTLICHKEIT BEI UMWELTREIZEN

Sind dem Hund Geräusche oder Gegenstände unheimlich, gewöhnen Sie ihn allmählich daran. Packen Sie Happen und/oder Spielzeug ein, wenn es sein könnte, dass Sie bzw. Ihr Hund unterwegs mit solchen Reizen konfrontiert werden. Dazu zwei Beispiele, deren Vorgehen Sie auf ähnliche Probleme übertragen können.

Diesem Hund ist gerade irgendetwas ein wenig suspekt. Ist dies ein Mensch, behalten Sie den Vierbeiner bei sich.

Situation 1: Ihr Hund fürchtet sich, wenn Autos an ihm vorbeifahren.

- Nehmen Sie sich Zeit. Leinen Sie den Hund an.
- Stellen Sie sich so weit vom Straßenrand weg, bis Sie merken, dass Ihr Hund sich entspannt, aber die Autos noch registriert. Ist er weitgehend entspannt, verstreuen Sie ein paar Häppchen vor ihm auf den Boden, die er zusammensuchen darf. Oder spielen Sie mit ihm. Bleiben Sie mehrere Minuten dort. Sie können in gleich bleibendem Abstand zur Straße mit dem Hund auch etwas auf und ab gehen.
- Hat der Vierbeiner die Sache schon als ungefährlich abgehakt, gehen Sie anschließend oder beim nächsten Mal ein Stück näher an die Straße. Wieder nur so weit, wie er es leicht verkraftet. So lange, bis Sie letztlich in normaler Entfernung zum Verkehr sind.
- Mit einem sehr sensiblen Hund wiederholen Sie jede Stufe ein paar Mal, bevor Sie näher rangehen, damit er auch wirklich entspannt ist.

INFO

WAS LANGE WÄHRT, WIRD NICHT IMMER GUT …

Benny ist ein netter Hund. Seine Morgenrunde dreht er mit Herrchen im nahen Park, wo er sich nach Lust und Laune austoben kann. Dort leben auch viele Wildkaninchen. Anfangs steckte er seine Nase nur hin und wieder in einen Bau, über die Wochen immer häufiger. Schließlich jammerte er früh um 7 Uhr an Herrchens Bett, weil er die Morgenrunde kaum erwarten konnte. Nun jagte er auch schon mal den Kaninchen hinterher. Herrchen nahm es noch locker – Benny hatte Spaß und Bewegung. Er hielt sich zwar mittlerweile öfters außer Sichtweite auf, kam aber meist auf Pfiff herbei, jedoch immer später. Eines Morgens wäre er um ein Haar sogar allein über die Hauptstraße zum Park gerannt. Im Park war er nun kaum mehr ansprechbar und machte einem Kaninchen sogar den Garaus. Erst jetzt wurde Bennys Herrchen klar, dass er ein handfestes Problem hatte …

ZU LANGE ZUGESCHAUT

Das unerwünschte Verhalten hat sich beim Hund verfestigt. Nur mit viel Aufwand lässt es sich eventuell korrigieren. Auch für den Vierbeiner ist das nicht einfach – plötzlich soll er das, was er über Wochen oder Monate durfte, lassen.

Situation 2: Ihr Hund weicht vor einem Heuballen zurück, der auf der Wiese liegt:

- Läuft er frei, gehen Sie entspannt zum Heuballen und beschäftigen sich locker, nicht spannend (!) damit. Bleiben Sie dort. Vielleicht kommt Ihr Hund von selbst. Dann gibt's ein Spiel oder ein paar Häppchen.
- Ist er angeleint, gehen Sie bestimmt, aber entspannt zum Heuballen. So läuft er eventuell mit. Machen Sie das nur, wenn er problemlos mit Ihnen geht.
- Andernfalls bleiben Sie – wie bei der Straßensituation – in der Nähe des Heuballens stehen und arbeiten sich langsam näher heran.
- Eine weitere Möglichkeit ist, Leckerchen oder den Lieblingsball in Richtung Heuballen zu werfen. Dadurch fasst sich der Hund womöglich ein Herz und überwindet seine Vorbehalte. So lernt er nebenbei, dass Heuballen ungefährlich sind.

ÄNGSTLICHKEIT GEGENÜBER ARTGENOSSEN

Traut der Vierbeiner sich nicht so recht zu anderen Hunden, kann das verschiedene Ursachen haben:

- Es kann seine Natur sein.
- Ihr Vierbeiner hat schlechte Erfahrungen gemacht.
- Sie sind ängstlich gegenüber fremden Hunden.

Mit etwas Umsicht können Sie seine Ängstlichkeit verringern oder sie zumindest nicht verstärken:

- Zwingen Sie ihn nicht, mit Artgenossen zu »spielen«.
- Suchen Sie ruhige, einzelne und in der Größe passende Artgenossen für gezielten Kontakt.
- Beschäftigen Sie sich mit dem anderen Hund. Das zeigt Ihrem, dass jener nicht zum Fürchten ist.
- Kommen mehrere Hunde auf Sie zu, schirmen Sie Ihren Vierbeiner mit Ihrem Körper etwas ab und bitten den oder die Besitzer, die Hunde zu sich zu holen. Aber alles ohne Hektik und möglichst ohne Ihren Vierbeiner auf den Arm zu nehmen. Bleiben Sie entspannt und souverän.
- Wurde Ihr Hund gebissen und ist als Folge optisch ähnlichen Hundetypen gegenüber ängstlich, bringen

Sie ihn mit einzelnen und verträglichen Artgenossen dieses Typs zusammen. Das gilt vor allem für Welpen und Junghunde. Denn bei ihnen wirken solche Erfahrungen besonders nach.
- Bemitleiden Sie Ihren Hund nicht, wenn er ängstlich reagiert. Das kann die Ängstlichkeit fördern.
- Falls Sie Angst vor fremden Hunden haben und sich Ihre Stimmung auf Ihren Hund überträgt, wird sich erst etwas ändern, wenn Sie an Ihrer Angst arbeiten.

Wichtig: »Die müssen das unter sich ausmachen«, ist so gut wie nie richtig und schon gar nicht für einen ängstlichen Hund in einer Gruppe. Das gilt vor allem auch für Welpengruppen! Denn weiß sich ein ängstlicher Hund nicht mehr zu helfen und kommt er öfter in diese Situation, dann kann er mangels Ausweg sogar zum Angstbeißer werden oder sein Heil auch in einer panischer Flucht suchen.

DER HUND BLEIBT NICHT GERN ALLEIN

Wenn Ihr Vierbeiner etwas kaputt macht oder ein wenig jammert, wenn er allein zu Hause bleiben muss, kann das manchmal schon mit nur kleinen Veränderungen behoben werden:
- Lasten Sie Ihren Hund vorher durch einen ausgiebigen Spaziergang, Joggen oder Ähnliches genügend aus. Je müder er ist, wenn er allein bleiben soll, umso lieber hat er seine Ruhe und umso leichter fällt es ihm, ein paar Stunden allein zu bleiben.
- Auch wenn er Ihnen vielleicht leidtut oder Sie sich sehr auf ihn freuen, wenn Sie wieder nach Hause kommen – Verabschiedungs- und Begrüßungsorgien machen ihm das Alleinbleiben unnötig schwer. Ein neutrales Wort beim Weggehen (→ Seite 118) sowie eine ruhige, kurze Begrüßung beim Zurückkommen reichen völlig aus.
- Beschäftigen Sie sich unmittelbar vor dem Weggehen nicht besonders intensiv mit Ihrem Vierbeiner, indem Sie beispielsweise mit ihm kuscheln.

Hunde, die an die Box gewöhnt sind, fühlen sich, wenn sie allein bleiben müssen, darin oft wohler.

- Wenn sich die Ferien mit einer Rundum-Bespaßung dem Ende nähern, ist es gut, rechtzeitig langsam auf Alltag umzustellen. Wird der Vierbeiner nach den Ferien vormittags allein sein, dann sollte schon einige Tage vorher die Beschäftigung mit ihm deutlich weniger werden und mehr Ruhe einkehren.
- Haben Sie die Dauer des Alleinbleibens zu schnell ausgedehnt, gehen Sie einige Schritte zurück und bauen sie langsamer aus.
- Manche Hunde fühlen sich in der Transportbox wohler, wenn sie allein sind.
- Manchen hilft es, wenn Radio oder Fernseher läuft.

AUF EINEN BLICK

RICHTIG REAGIEREN BEI HUNDEBEGEGNUNGEN

Egal, wo man mit seinem Vierbeiner unterwegs ist – überall trifft man auch auf andere Hundebesitzer. Begegnungen dieser Art verlaufen meist entspannt, doch bergen sie auch unnötigen Zündstoff.

Ein angeleinter Hund kommt Ihnen entgegen. Jetzt heißt es, auch den eigenen Vierbeiner rechtzeitig bei sich zu behalten.

WIE VIEL HUNDEKONTAKT IST NÖTIG?
Gelegentlicher, aber nicht zwingend täglicher Kontakt zu Artgenossen sorgt für Routine im Umgang mit seinesgleichen. Beachten Sie dabei aber folgende Punkte:

- Es reichen einzelne oder wenige Artgenossen, mit denen Ihr Vierbeiner zusammenkommt. Größere Gruppen bedeuten oft Stress für den Hund.
- Ermöglichen Sie ihm Kontakte mit verträglichen und zu ihm passenden Hunden. Für einen Kleinhund etwa ist ein rüpeliger, halbstarker Hovawart nicht unbedingt der passende Spielpartner.
- Nicht jedem Hund ist Kontakt zu Artgenossen gleich wichtig. Zwingen Sie Ihren Vierbeiner gegebenenfalls nicht. Er muss nicht spielen.
- Regeln Sie die Situation, wenn beispielsweise Ihre Hündin, Ihr Welpe oder Ihr zurückhaltender Vierbeiner von einem oder mehreren anderen so bedrängt wird, dass er überfordert ist. Greifen Sie ebenfalls ein, wenn Ihr Hund derjenige ist, der nervt. Mit der Zeit werden Sie ein Gefühl dafür bekommen, wann Ihr Einsatz gefragt ist. Sie als Teamchef Ihres Vierbeiners haben auch hier die Verantwortung für ihn.

Beide Hunde laufen außen und entspannt aneinander vorbei.

TROTZ ARTGENOSSEN PRÄSENT BLEIBEN

Ist der Vierbeiner es gewohnt, Kontakt zu jedem Hund aufzunehmen, wird er das auch einfordern, wenn Sie samt Einkaufstüten in der Stadt unterwegs sind und er einen Hund auf der anderen Straßenseite sieht.
Wiegt er nicht nur ein paar Kilo, wird das ziemlich kraftraubend. Dazu kommt, dass manche Vierbeiner veranlagungsbedingt geradezu »süchtig« nach Artgenossen sind. Möchten Sie jedoch nicht, dass Ihr Hund Sie jedes Mal komplett ausblendet, sobald ein anderer Hund am Horizont auftaucht, sollten Sie unbedingt folgende Punkte beherzigen:

- Üben Sie mit Ihrem Hund von Anfang an, angeleint an anderen angeleinten Hunden vorbeizugehen. Anfangs mit Leckerchen und stets so, dass Sie zwischen Ihrem Hund und dem anderen mit Abstand vorbeigehen. Für einen Vierbeiner mit starkem Drang zu Artgenossen heißt das, mehr das Vorbeigehen schmackhaft zu machen, als Kontakt zuzulassen.
- Hat Ihr Vierbeiner gelernt, im Radius zu bleiben, gehen Sie einfach weiter, wenn er mit einem anderen Kontakt aufnimmt oder spielt. Dann wird er bald wieder da sein. Warten Sie dagegen jedes Mal, bis er fertig ist, kann es sein, dass er Sie in solchen Situationen einfach »vergisst«, weil Sie ja sowieso da sind.

KONTAKTE AN DER LEINE

Eine typische Situation: Der angeleinte Hund sieht einen anderen angeleinten Hund. Nach dem Motto »Nichts wie hin« legt er sich samt Zweibeiner im Schlepptau ins Zeug und erreicht zerrend den Artgenossen. Es folgt ein kurzes »Begrüßen«.
Die Hunde versuchen sich zu umkreisen, beginnen zu toben oder einem wird es zu viel, und fertig ist der Leinensalat – im günstigsten Fall geht es ohne Konflikt, im schlimmsten endet es in einer Beißerei. Egal, wie das ausgeht – eines lernt der Vierbeiner auf jeden Fall: Zerren bringt Erfolg! Also exakt das, was die meisten Hundehalter tierisch nervt.

Konfliktgefahr: Angeleinte Hunde sind sowohl in ihrer Bewegungsfreiheit als auch in ihrer Kommunikation eingeschränkt. Da sieht manch unsicherer Vierbeiner nur die Flucht nach vorn als Ausweg und hält sich Artgenossen mit den Zähnen vom Leib. Machos wiederum können sich ganz besonders stark fühlen und solche Gelegenheiten dazu nutzen, den anderen regelrecht unterzubuttern. Leinenaggressive Vierbeiner sind nicht selten hausgemacht.

Mit einem interessanten Spielzeug oder leckeren Happen lässt sich die Aufmerksamkeit auf den Zweibeiner lenken.

Entspannt angeleint: Überlegen Sie außerdem, warum Sie Ihren Hund eigentlich an der Leine haben. In aller Regel deshalb, weil er jetzt, möglichst an lockerer Leine, bei Ihnen bleiben soll. Das wird er aber nur lernen, wenn Sie dafür sorgen, dass er angeleint auch nichts anderes tut, als bei Ihnen zu bleiben. Egal, wer oder was des Weges kommt. Daher gilt am besten:

- Angeleint gibt es grundsätzlich keinen Kontakt zu Artgenossen. So kann Ihr Hund entspannt bleiben.
- Wem das zu streng ist, der sollte darauf achten, dass sein verträglicher Hund nur an lockerer Leine, am besten nur zu bekannten Vierbeinern und vor allem nur nach Rücksprache mit dem anderen Hundehalter Kontakt mit dem Artgenossen aufnimmt.

FREI LAUFEND UND ANGELEINT

Auch das ist bei Spaziergängen ein klassisches Szenario mit reichlich Konfliktpotenzial: Ein Zweibeiner mit frei laufendem Vierbeiner trifft auf einen mit angeleintem Hund. Da Ersterer ja »nur spielen will«, wahlweise »nix tut«, lässt sein Mensch ihn ohne nachzudenken ungehindert zum angeleinten Hund laufen. Und verlangt bisweilen vom Halter des angeleinten gar, diesen jetzt aber abzuleinen, damit die beiden »spielen« können. Auch wenn nur ein Hund angeleint ist, sind Bewegungsfreiheit und Kommunikation bei der Begegnung eingeschränkt. Aus den gleichen Gründen wie unter dem Aspekt »Konfliktgefahr« auf Seite 155 beschrieben und mit denselben möglichen Konsequenzen!

Frei laufend und mit genügend Raum können Hunde Kontakt aufnehmen. Geht der Besitzer weiter, folgt der Hund ihm.

Solch ein Kontakt nützt weder Hund noch Mensch.

RÜCKSICHT NEHMEN

Ist ein Hund angeleint, dann hat das immer einen Grund. Beispielsweise …

- … übt der Zweibeiner gerade mit seinem Hund.
- … ist es eine läufige Hündin.
- … ist der Hund unverträglich.
- … darf der Vierbeiner sich wegen einer Verletzung oder Operation nur vorsichtig bewegen.
- … ist er anderweitig krank, vielleicht ansteckend.
- … ist er ängstlich.
- … ist es ein alter, nicht mehr so stabiler Hund.
- … ist es nicht der eigene Hund des Zweibeiners.
- … ist es ein Welpe, für den passende Kontakte gezielt von seinem Besitzer ausgewählt werden.
- … hat der Hundehalter keine Zeit fürs Spielen.

Umsichtig handeln: Warum ein Hund angeleint ist, spielt letztlich aber keine Rolle. Wenn Ihnen ein angeleinter Hund begegnet oder deutlich erkennbar ist, dass der Halter seinen Vierbeiner ohne Leine zu sich holt oder bei Fuß führt, sorgen Sie einfach dafür, dass der eigene, auch zu seinem Schutz, diesen Artgenossen nicht behelligt. Das bedeutet in der Praxis:

- Holen Sie Ihren frei laufenden Hund rechtzeitig, also noch bevor er durchstartet, zu sich und behalten Sie ihn lange genug bei sich.
- Läuft er zu dem angeleinten Artgenossen, gehen Sie gleich zu ihm, leinen ihn an und nehmen ihn mit.
- Wenn gewollt, kann man sich anschließend immer noch mit dem anderen Hundehalter kurzschließen, ob man die beiden Hunde nun ableint oder nicht.

Kritische Situationen vermeiden: Mit den genannten einfachen Maßnahmen lassen sich kritische Situationen leicht vermeiden. Auch in ausgewiesenen Freilaufgebieten. Denn dort ist es zwar erlaubt, dass Hunde frei laufen, aber es bedeutet nicht, dass der Vierbeiner abgeleint werden muss.

Wer mit seinem angeleinten Vierbeiner einem frei laufenden begegnet, bittet dessen Halter, ihn anzuleinen. Ist der uneinsichtig, probieren Sie es doch mal mit: »Meiner hat ansteckenden Zwingerhusten«, wahlweise auch Staupe oder starken Brechdurchfall. Wer souverän genug ist, kann den fremden Hund abdrängen oder festhalten. Was letztendlich das Beste ist, hängt natürlich immer von der jeweiligen Situation ab.

OHNE LEINE UNTERWEGS

Die beste Art der Kontaktaufnahme von Hund zu Hund ist im Freilauf. Da klappt die Kommunikation. Mal geht jeder Zweibeiner weiter, und die Vierbeiner folgen ihren Menschen. Mal bleibt man stehen und lässt die Hunde eine Runde spielen. Darauf sollten Sie achten:

- Treffen sich unterwegs zwei oder mehr Hunde, lassen Sie Ball & Co. besser in der Tasche. Sonst kann es zu Streitereien kommen.
- Das Gleiche gilt für das Verteilen von Leckerchen.
- Beeindrucken sich zwei Rüden mit Imponiergehabe, ist Weitergehen eine gute Option. So löst sich die Situation auf, weil die beiden Platz haben und letztlich ihrem Menschen folgen. Steht man dagegen dicht daneben und beengt sie oder schimpft gar noch, kann das Ganze kippen.
- Knurren sich Hunde bereits an der Leine an, ist es keine gute Idee, sie noch rasch abzuleinen. Gehen Sie dann einfach weiter.
- Ist Ihr Hund auf bestimmte Artgenossen nicht gut zu sprechen, egal ob frei laufend oder an der Leine, heißt es ruhig, aber aufmerksam unterwegs zu sein. Leinen Sie ihn im Falle eines Falles rechtzeitig an. Ziehen Sie ein Highlight aus der Tasche, lenken Sie ihn damit ab und gehen Sie mit Abstand vorbei.

Junge Hunde spielen in der Regel gern. Jenseits des Junghundealters ist die »Spiellust« individuell unterschiedlich.

4.
SERVICE

REGISTER

Halbfette Seitenzahlen verweisen auf Abbildungen und Illustrationen. U = Umschlag, UK=Umschlagklappe

T

U

V

W

Z

ADRESSEN

ORGANISATIONEN

Fédération Cynologique Internationale (FCI), Place Albert 1er, 13, B-6530 Thuin, www.fci.be

Verband für das Deutsche Hundewesen e. V. (VDH), Westfalendamm 174, 44141 Dortmund, www.vdh.de

Österreichischer Kynologenverband (ÖKV), Siegfried-Marcus-Str. 7, A-2362 Biedermannsdorf, www.oekv.at

Schweizerische Kynologische Gesellschaft (SKG/SCS), Sagmattstrasse 2, GH-4710 Balsthal, www.skg.ch

Deutscher Tierschutzbund e. V., In der Raste 10, 53129 Bonn, www.tierschutzbund.de

Österreichischer Tierschutzverein, Berlagasse 36, A-1210 Wien, www.tierschutzverein.at

Schweizer Tierschutz (STS), Dornacherstr. 101, CH-4008 Basel, www.tierschutz.com

Deutscher Hundesportverband e. V., Vosshoveler Str. 9 a, 46485 Wesel, www.dhv-hundesport.de

Berufsverband der Hundeerzieher und Verhaltensberater e. V. (BHV), Alt Langenhain 22, 65719 Hofheim, www.hundeschulen.de

Berufsverband für Tierverhaltensberater und -trainer e.V. (VDTT), Achtern Dieck 6, 24576 Bad Bramstedt, www.vdtt.org

Gesellschaft für Tierverhaltensmedizin und -therapie e. V. (GTVMT), Hohensasel 16, 22395 Hamburg, www.gtvmt.de

Forschungskreis Heimtiere in der Gesellschaft, Postfach 110728, 28207 Bremen, www.mensch-heimtier.de

Industrieverband Heimtierbedarf (IVH), Emanuel-Leutze-Str. 11, 40547 Düsseldorf, www.ivh-online.de

Bundestierärztekammer e.V., Französische Str. 53, 10117 Berlin, www.bundestieraerztekammer.de

BPT-Bundesverband praktizierender Tierärzte e. V., www.tieraerzteverband.de
Über das Portal finden Sie den nächstgelegenen Tierarzt.

Gesellschaft für Ganzheitliche Tiermedizin e.V. (GGTM) Mooswaldstr. 7, 79227 Schallstadt, www.ggtm.de

Fragen zur Haltung von Hunden beantworten
Ihr Zoofachhändler und der Zentralverband Zoologischer Fachbetriebe Deutschlands e. V. (ZZF), www.zzf.de.
Online-Portal des ZZF: www.my-pet.org, Tel. 0611/ 44755332
(nur telefonische Auskunft möglich: Mo 12–16 Uhr, Do 8–12 Uhr)

HAFTPFLICHT-VERSICHERUNG

Fast alle Versicherungen bieten auch Haftpflichtversicherungen für Hunde an. Informationen erhalten Sie bei Ihrer Versicherung.

KRANKENVERSICHERUNG

AGILA Haustierversicherung AG, Breite Str. 6–8, 30159 Hannover, www.agila.de

Allianz, Königinstr. 28, 80802 München, www.allianz.de/gesundheit/Tierkrankenversicherung

Uelzener Versicherungen, Postfach 2163, 29511 Uelzen, www.uelzener.de

REGISTRIERUNG VON HUNDEN

Deutsches Haustierregister,
In der Raste 10, 53129 Bonn
www.deutsches-haustierregister.de

Internationale Zentrale Tierregistrierung (IFTA),
Nördliche Ringstr. 10,
91126 Schwabach,
Tel. 00800/43820000 (kostenlos)
www.tierregistrierung.de

TASSO e. V., Abt. Haustierzentralregister,
Otto-Volger-Str. 15, 65843 Sulzbach/Taunus, Tel. (06190) 937300,
www.tasso.net

HUNDE IM INTERNET

www.hunde.com
Infos rund um den Hund, Diskussionsforum

www.hundeadressen.de
Infos zu Sport, Erziehung und Ausbildung

www.hundewelt.at
Alles Wissenswerte über Rassehunde mit wichtigen Adressen

www.ferien-mit-Hund.de
Viele Adressen von Hotels, Ferienhäusern und Ferienwohnungen für den Urlaub mit Hund

www.haushueter.org
Urlaubsbetreuung

www.stadthunde.com
Community rund um den Hund für zahlreiche Großstädte

www.spass-mit-hund .de
Mit vielen Ideen rund um Spiel

www.tierklinik.de
Informationsportal zur Tiermedizin, mit Ratgeber, Info Erste Hilfe, Notdienstadressen u. v. a.

www.giftpflanzen.ch
www.botanikus.de
Informationen zu giftigen Pflanzen

LITERATUR

BÜCHER

Arce, J.: Meine fünf Geheimnisse für eine glückliche Mensch-Hund-Beziehung. Gräfe und Unzer Verlag, München

Bloch, G.: Der Wolf im Hundepelz: Hundeerziehung aus unterschiedlichen Perspektiven. Franckh-Kosmos Verlag, Stuttgart

Bloch, G.: Wölfisch für Hundehalter: Von Alpha, Dominanz und anderen populären Irrtümern. Franckh-Kosmos Verlag, Stuttgart

Böhm-Reithmeier, I./Von der Leyen, K.: Leinen los! Freilauftraining für den Hund, Gräfe und Unzer Verlag, München

Feddersen-Petersen, D.: Ausdrucksverhalten beim Hund. Franckh-Kosmos Verlag, Stuttgart

Fischer, E.: Homöopathie für Hunde. Gräfe und Unzer Verlag, München

Gansloßer, U., Kitchenham, K.: Forschung trifft Hund. Franck-Kosmos Verlag, Stuttgart

Hegewald-Kawich, H.: Hunderassen von A bis Z. Gräfe und Unzer Verlag, München

Ludwig, G./Wegler, M.: Hunde verstehen lernen. Gräfe und Unzer Verlag, München

Ruge, N./Bloch, G.: Was fühlt mein Hund? Was denkt mein Hund? Gräfe und Unzer Verlag, München

Schlegl-Kofler, K.: Welpen-Erziehung. Gräfe und Unzer Verlag, München

Schlegl-Kofler, K.: Welpen-Starter-Box. Gräfe und Unzer Verlag, München

Bloch, G.: Mein Hundewissen. Gräfe und Unzer Verlag, München

Schlegl-Kofler, K.: Hunde-Clicker-training. Gräfe und Unzer Verlag, München

Schlegl-Kofler, K.: Hundesprache. Gräfe und Unzer Verlag, München

Schlegl-Kofler, K.: Rückruf-Training für Hunde. Gräfe und Unzer Verlag, München

Schmidt-Röger, H.: Hunde. Das große Praxishandbuch. Gräfe und Unzer Verlag, München

Taetz, A.: Welpen-Spiele-Box. Gräfe und Unzer Verlag, München

Von der Leyen, K.: Welpen-Praxisbuch. Gräfe und Unzer Verlag, München

Von der Leyen, K.: Angeleint! Gräfe und Unzer Verlag, München

Winkler, S.: Hunde-Clicker-Box. Gräfe und Unzer Verlag, München

Wolf, K: Die besten Hundespiele für drinnen und draußen. Gräfe und Unzer Verlag, München

Wolf K./Mack A.: Hundeerziehung in der Stadt. Gräfe und Unzer Verlag, München

ZEITSCHRIFTEN

Der Hund. FORUM Zeitschriften und Spezialmedien GmbH, Merching, www.derhund.de

Dogs. Territory Content to Results, Hamburg, www.dogs-magazin.de

Partner Hund. Ein Herz für Tiere Media GmbH, München, www.partner-hund.de

Unser Rassehund. Hrsg. Verband für das Deutsche Hundewesen e. V., Dortmund, www.unserrassehund.de

HundeWelt. Minerva Verlag, Mönchengladbach, www.hunde-welt.de

WICHTIGE HINWEISE

Die Informationen und Empfehlungen in diesem Buch beziehen sich auf gesunde, normal entwickelte und charakterlich einwandfreie Hunde. Es gibt Hunde, die aufgrund von Krankheiten, mangelhafter Sozialisierung oder schlechter Erfahrungen mit Menschen in ihrem Verhalten auffällig sind und eventuell zum Beißen neigen. Diese Tiere sollten nur von erfahrenen Hundehaltern aufgenommen werden. Bei Hunden aus dem Tierheim können Pfleger und Tierheimleitung oft Auskunft über die Vorgeschichte des Vierbeiners geben. Trotz aller Sorgfalt und Genauigkeit können weder Verlag noch Autorin Garantien oder Haftungen für Personen-, Sach- oder Vermögensschäden übernehmen, die durch die Anwendung der vermittelten Sachverhalte und Methoden entstehen könnten. Für jeden Hund ist ein ausreichender Versicherungsschutz zu empfehlen.

DIE FOTOGRAFIN

Angela Kraft ist seit frühester Jugend von Tieren fasziniert. Für die Tierfotografin ist ihr Beruf zur Berufung geworden. Sie betreibt ihre eigene »Tierfotoagentur Lüneburger Heide«, die sich auf Tierfotos, Tiergeschichten und Reportagen spezialisiert hat. Ihre Veröffentlichungen findet man in namhaften Zeitungen, Magazinen und Büchern. Weitere Infos finden Sie unter: www.kraft-foto.de

Alle Fotos in diesem Buch stammen von Angela Kraft mit Ausnahme von: **Jana Weichelt:** Cover (Dogge auf Sofa, 10 Monate alt). **Sandra Hahn:** S. 168.

Alle Illustrationen in diesem Buch stammen von **Katharina Rücker-Weininger.** Weitere Infos finden Sie unter: www.ruecker-art.de

Syndication:
www.seascons.agency
Ein Unternehmensbereich der StockFood GmbH, Tumblingerstr. 32, 80337 München.

IMPRESSUM

Projektleitung: Anita Zellner
Lektorat: Gabriele Linke-Grün
Bildredaktion: Petra Ender
Umschlaggestaltung und Layout: Anzinger und Rasp, München
Satz: Ludger Vorfeld, München
Herstellung: Susanne Mühldorfer
Reproduktion: Longo AG, Bozen
Druck und Bindung: Druck- und Medienzentrum F&W, Kienberg

ISBN 978-3-8338-5391-3

6. Auflage 2020

Umwelthinweis
Dieses Buch ist auf PEFC-zertifiziertem Papier aus nachhaltiger Waldwirtschaft gedruckt.

QUALITÄTS G|U GARANTIE

Liebe Leserin, lieber Leser,

haben wir Ihre Erwartungen erfüllt? Sind Sie mit diesem Buch zufrieden? Haben Sie weitere Fragen zu diesem Thema? Wir freuen uns auf Ihre Rückmeldung, auf Lob, Kritik und Anregungen, damit wir für Sie immer besser werden können.

GRÄFE UND UNZER Verlag
Leserservice
Postfach 86 03 13
81630 München
E-Mail:
leserservice@graefe-und-unzer.de

Telefon: 00800 / 72 37 33 33*
Telefax: 00800 / 50 12 05 44*
Mo–Do: 9.00 – 17.00 Uhr
Fr: 9.00 – 16.00 Uhr
(gebührenfrei in D, A, CH)*

Ihr GRÄFE UND UNZER Verlag
Der erste Ratgeberverlag – seit 1722.

www.facebook.com/gu.verlag

GRÄFE UND UNZER

Ein Unternehmen der
GANSKE VERLAGSGRUPPE